全国科学技术名词审定委员会

公　布

科学技术名词·自然科学卷（全藏版）

18

力　学　名　词

CHINESE TERMS IN MECHANICS

力学名词审定委员会

国家自然科学基金资助项目

科学出版社

北　京

内 容 简 介

本书是全国科学技术名词审定委员会审定公布的力学名词。全书分通类、一般力学、固体力学、流体力学、综合类等 5 部分，共 2637 条词。书末附有英汉、汉英两种索引。这些名词是科研、教学、生产、经营以及新闻出版等部门应遵照使用的力学规范名词。

图书在版编目（CIP）数据

科学技术名词. 自然科学卷：全藏版 / 全国科学技术名词审定委员会审定.
—北京：科学出版社，2017.1
ISBN 978-7-03-051399-1

I. ①科⋯　II. ①全⋯　III. ①科学技术–名词术语 ②自然科学–名词术语
IV. ①N61

中国版本图书馆 CIP 数据核字（2016）第 314947 号

责任编辑：卢慧筠 / 责任校对：陈玉凤
责任印制：张　伟 / 封面设计：铭轩堂

科学出版社 出版
北京东黄城根北街 16 号
邮政编码：100717
http://www.sciencep.com
北京厚诚则铭印刷科技有限公司印刷
科学出版社发行　各地新华书店经销
*
2017 年 1 月第　一　版　　开本：787×1092 1/16
2017 年 1 月第一次印刷　　印张：10
字数：221 000
定价：5980.00 元（全 30 册）
（如有印装质量问题，我社负责调换）

全国自然科学名词审定委员会
第二届委员会委员名单

主　任：　卢嘉锡

副主任：　章　综　　林　泉　　王冀生　　林振申　　胡兆森
　　　　　鲁绍曾　　刘　杲　　苏世生　　黄昭厚

委　员　（以下按姓氏笔画为序）：

马大猷	马少梅	王大珩	王子平	王平宇
王民生	王伏雄	王树岐	石元春	叶式辉
叶连俊	叶笃正	叶蜚声	田方增	朱弘复
朱照宣	任新民	庄孝德	李正理	李茂深
李　竞	杨　凯	杨泰俊	吴大任	吴中伦
吴凤鸣	吴本玠	吴传钧	吴阶平	吴　青
吴钟灵	吴鸿适	宋大祥	张光斗	张青莲
张　伟	张钦楠	张致一	阿不力孜·牙克夫	
陈鉴远	范维唐	林盛然	季文美	周明镇
周定国	郑作新	赵凯华	侯祥麟	姚贤良
钱伟长	钱临照	徐士珩	徐乾清	翁心植
席泽宗	谈家桢	梅镇彤	黄成就	黄胜年
康文德	章基嘉	梁晓天	程开甲	程光胜
程裕淇	傅承义	曾呈奎	蓝　天	豪斯巴雅尔
潘际銮	魏佑海			

力学名词审定委员会委员名单

序

　　科技名词术语是科学概念的语言符号。人类在推动科学技术向前发展的历史长河中,同时产生和发展了各种科技名词术语,作为思想和认识交流的工具,进而推动科学技术的发展。

　　我国是一个历史悠久的文明古国,在科技史上谱写过光辉篇章。中国科技名词术语,以汉语为主导,经过了几千年的演化和发展,在语言形式和结构上体现了我国语言文字的特点和规律,简明扼要,蓄意深切。我国古代的科学著作,如已被译为英、德、法、俄、日等文字的《本草纲目》、《天工开物》等,包含大量科技名词术语。从元、明以后,开始翻译西方科技著作,创译了大批科技名词术语,为传播科学知识,发展我国的科学技术起到了积极作用。

　　统一科技名词术语是一个国家发展科学技术所必须具备的基础条件之一。世界经济发达国家都十分关心和重视科技名词术语的统一。我国早在1909年就成立了科技名词编订馆,后又于1919年中国科学社成立了科学名词审定委员会,1928年大学院成立了译名统一委员会。1932年成立了国立编译馆,在当时教育部主持下先后拟订和审查了各学科的名词草案。

　　新中国成立后,国家决定在政务院文化教育委员会下,设立学术名词统一工作委员会,郭沫若任主任委员。委员会分设自然科学、社会科学、医药卫生、艺术科学和时事名词五大组,聘任了各专业著名科学家、专家,审定和出版了一批科学名词,为新中国成立后的科学技术的交流和发展起到了重要作用。后来,由于历史的原因,这一重要工作陷于停顿。

　　当今,世界科学技术迅速发展,新学科、新概念、新理论、新方法不断涌现,相应地出现了大批新的科技名词术语。统一科技名词术语,对科学知识的传播,新学科的开拓,新理论的建立,国内外科技交流,学科和行业之间的沟通,科技成果的推广、应用和生产技术的发展,科技图书文献的编纂、出版和检索,科技情报的传递等方面,都是不可缺少的。特别是计算机技术的推广使用,对统一科技名词术语提出了更紧迫的要求。

　　为适应这种新形势的需要,经国务院批准,1985年4月正式成立了全国自然科学名词审定委员会。委员会的任务是确定工作方针,拟定科技名词术语审定工作计划、实施方案和步骤,组织审定自然科学各学科名词术语,并予以公布。根据国务院授权,委员会审定公布的名词术语,科研、教学、生产、经营、以及新闻出版等各部门,均应遵照使用。

全国自然科学名词审定委员会由中国科学院、国家科学技术委员会、国家教育委员会、中国科学技术协会、国家技术监督局、国家新闻出版署、国家自然科学基金委员会分别委派了正、副主任,担任领导工作。在中国科协各专业学会密切配合下,逐步建立各专业审定分委员会,并已建立起一支由各学科著名专家、学者组成的近千人的审定队伍,负责审定本学科的名词术语。我国的名词审定工作进入了一个新的阶段。

这次名词术语审定工作是对科学概念进行汉语订名,同时附以相应的英文名称,既有我国语言特色,又方便国内外科技交流。通过实践,初步摸索了具有我国特色的科技名词术语审定的原则与方法,以及名词术语的学科分类、相关概念等问题,并开始探讨当代术语学的理论和方法,以期逐步建立起符合我国语言规律的自然科学名词术语体系。

统一我国的科技名词术语,是一项繁重的任务,它既是一项专业性很强的学术性工作,又是一项涉及亿万人使用的实际问题。审定工作中我们要认真处理好科学性、系统性和通俗性之间的关系;主科与副科间的关系;学科间交叉名词术语的协调一致;专家集中审定与广泛听取意见等问题。

汉语是世界五分之一人口使用的语言,也是联合国的工作语言之一。除我国外,世界上还有一些国家和地区使用汉语,或使用与汉语关系密切的语言。做好我国的科技名词术语统一工作,为今后对外科技交流创造了更好的条件,使我炎黄子孙,在世界科技进步中发挥更大的作用,作出重要的贡献。

统一我国科技名词术语需要较长的时间和过程,随着科学技术的不断发展,科技名词术语的审定工作,需要不断地发展、补充和完善。我们将本着实事求是的原则,严谨的科学态度作好审定工作,成熟一批公布一批,提供各界使用。我们特别希望得到科技界、教育界、经济界、文化界、新闻出版界等各方面同志的关心、支持和帮助,共同为早日实现我国科技名词术语的统一和规范化而努力。

全国自然科学名词审定委员会主任

钱 三 强

1990 年 2 月

前　　言

　　力学的基础部分是物理学的一部分,它又和数学有密切的联系。力学的应用部分则主要涉及工程技术学科。我国的数学和物理学名词术语工作都已有几十年的历史。力学名词审定委员会成立(1986年)后,在收词、审定过程中,考虑到这一历史情况,吸收了《物理学名词》基础部分中的力学词条,并和数学名词委员会互相作了协调。涉及到工程学科方面的词,征求了部分工程学科的意见,考虑到基础学科和工程学科衔接的关系作了个别处理。由于工程各学科名词审定进度不一,部分力学名词与它们的配合有待于以后协调。经过几年来多次讨论会、审定会,提出现在的《力学名词》,共2637条。

　　本批公布的力学名词,着重选收经常使用的基本词,定名上以当前较一致的名称为准。例如,"应力"和"应变",物理学、力学、工程技术各界都已一致,这里不再列出"协强"和"协变"。"矢量"与"向量"是同一概念两个定名,物理学和数学两学科对两词主次各有偏重,这里从物理学用"矢量"。"压力"与"压强"在物理学中有严格区分,前者指作用的力,后者为单位面积上所受的作用力,即压力的强度。工程界习惯把压力强度称为"压力",这里审定为"压强",并在注中加以说明。除常用基本词外,本批还考虑一些新兴学科分支中的名词,以期早日得到统一,例如bifurcation,曾有"分叉"、"分枝"、"分歧"、"分支"等多个不同定名。这次综观新兴的非线性学科,与物理名词审定委员会共同商定为"分岔"。

　　多年来力学名词审定工作得到中国力学学会的支持。广大力学工作者为几次修订、讨论提出了很好的意见和建议,如梅凤翔补充了一般力学方面的词条。朱兆祥、郑哲敏、卞荫贵、白以龙受全国自然科学名词审定委员会的委托,对本批名词进行了复审。现由全国自然科学名词审定委员会批准公布。

　　希望各界使用者继续提出意见,以便进一步修订。

力学名词审定委员会

1992年2月

编 排 说 明

一、本批公布的主要是力学的基本词,酌量收入新兴学科分支中较成熟的词。

二、本书正文分五部分:1.通类,它是其他四部分公用的词;2.一般力学,其中考虑的运动对象以有限个自由度的为主;3.固体力学;4.流体力学;5.综合类,其中收入的名词有属于交叉学科性质的,也有属于应用性质的。

三、每一部分内汉文词大致照学科上的相关概念排列,并附与该词概念相应的英文词,概念易有歧义或有过较大变化的加注释。英文如有同义词,一般取一个常用的词。英文词尽可能用单数,首字母一般用小写。注释栏中"简称"也是推荐的用名,"又称"为不推荐的,而"曾用名"指被淘汰的。条目中的[ ]内为可省略部分。

四、书末附英汉索引,按英文字母顺序排列。汉英索引,按汉语拼音字母顺序排列。所示号码为该词在正文中的序码。索引中带"＊"者见注释栏。

目　　录

01. 通 类

序 码	汉 文 名	英 文 名	注 释
01.001	力学	mechanics	
01.002	牛顿力学	Newtonian mechanics	
01.003	经典力学	classical mechanics	
01.004	静力学	statics	
01.005	运动学	kinematics	
01.006	动力学	dynamics	
01.007	动理学	kinetics	
01.008	宏观力学	macroscopic mechanics，macromechanics	
01.009	细观力学	mesomechanics	尺度约为 $0.01—100\mu m$。
01.010	微观力学	microscopic mechanics，micromechanics	
01.011	一般力学	general mechanics	
01.012	固体力学	solid mechanics	
01.013	流体力学	fluid mechanics	
01.014	理论力学	theoretical mechanics	
01.015	应用力学	applied mechanics	
01.016	工程力学	engineering mechanics	
01.017	实验力学	experimental mechanics	
01.018	计算力学	computational mechanics	
01.019	理性力学	rational mechanics	
01.020	物理力学	physical mechanics	
01.021	地球动力学	geodynamics	
01.022	力	force	
01.023	作用点	point of action	
01.024	作用线	line of action	
01.025	力系	system of forces	
01.026	力系的简化	reduction of force system	又称"力系的约化"。
01.027	等效力系	equivalent force system	
01.028	刚体	rigid body	
01.029	力的可传性	transmissibility of force	
01.030	平行四边形定则	parallelogram rule	
01.031	力三角形	force triangle	

序 码	汉 文 名	英 文 名	注 释
01.032	力多边形	force polygon	
01.033	零力系	null-force system	
01.034	平衡	equilibrium	
01.035	力的平衡	equilibrium of forces	
01.036	平衡条件	equilibrium condition	
01.037	平衡位置	equilibrium position	
01.038	平衡态	equilibrium state	
01.039	分力	component force	
01.040	合力	resultant force	
01.041	力的分解	resolution of force	
01.042	力的合成	composition of forces	
01.043	力偶	couple	
01.044	力偶臂	arm of couple	
01.045	力偶系	system of couples	
01.046	合力偶	resultant couple	
01.047	力臂	moment arm of force	
01.048	力矩	moment of force	
01.049	力偶矩	moment of couple	
01.050	面矩	moment of area	
01.051	矩心	center of moment	
01.052	矩矢[量]	moment vector	
01.053	力偶矩矢	moment vector of couple	
01.054	主矢[量]	principal vector	
01.055	主矩	principal moment	
01.056	转矩	torque	
01.057	力螺旋	force screw	
01.058	作用力	acting force	
01.059	反作用力	reacting force	
01.060	支座反力	reaction at support	
01.061	摩擦力	friction force	
01.062	动摩擦	kinetic friction	
01.063	滚动摩擦	rolling friction	
01.064	滚动摩擦系数	coefficient of rolling friction	
01.065	滑动摩擦	sliding friction	
01.066	滑动摩擦系数	coefficient of sliding friction	
01.067	静摩擦	static friction	
01.068	最大静摩擦系数	coefficient of maximum static	

序 码	汉文名	英 文 名	注 释
		friction	
01.069	摩擦角	angle of friction	
01.070	库仑摩擦定律	Coulomb law of friction	
01.071	简化中心	center of reduction	又称"约化中心"。
01.072	内力	internal force	
01.073	外力	external force	
01.074	弹性力	elastic force	
01.075	分布力	distributed force	
01.076	汇交力	concurrent forces	
01.077	共点力	forces acting at the same point	
01.078	共面力	coplanar force	
01.079	约束	constraint	
01.080	约束力	constraint force	
01.081	解除约束原理	principle of removal of cons-traint	
01.082	拉力	tensile force	
01.083	张力	tension	
01.084	恒力	constant force	
01.085	主动力	active force	
01.086	集中力	concentrated force	
01.087	平行力	parallel forces	
01.088	平行力系中心	center of parallel force system	
01.089	受力图	free-body diagram	描述分离体所受力的图。
01.090	重心	center of gravity	
01.091	比重	specific gravity, specific weight	
01.092	密度	density	
01.093	静定	statically determinate	
01.094	超静定	statically indeterminate	
01.095	固定矢[量]	fixed vector	
01.096	自由矢[量]	free vector	
01.097	滑移矢[量]	sliding vector	
01.098	刚化原理	principle of rigidization	
01.099	伐里农定理	Varignon theorem	
01.100	索多边形	funicular polygon	
01.101	轴承	bearing	
01.102	颈轴承	journal bearing	

序 码	汉 文 名	英 文 名	注 释
01.103	枢轴承	pivot bearing	
01.104	滑轮	pulley	
01.105	拉索	guy cable	
01.106	悬索	suspended cable	
01.107	铰接端	hinged end	
01.108	平面铰	planar hinge	
01.109	球铰	spherical hinge	
01.110	滚柱	roller	
01.111	质点	material point, mass point, particle	
01.112	力学运动	mechanical motion	又称"机械运动"。
01.113	参考系	reference system	
01.114	固定参考系	fixed reference system	
01.115	动参考系	moving reference system	
01.116	地心坐标系	geocentric coordinate system	
01.117	位置矢量	position vector	简称"位矢"。
01.118	位移	displacement	
01.119	径矢	radius vector	又称"矢径"。
01.120	轨迹	trajectory	
01.121	轨道	orbit	
01.122	路径	path, itinerary	
01.123	路程	path	沿路径的长度。
01.124	速度	velocity	
01.125	速率	speed	
01.126	速度[的]合成	composition of velocities	
01.127	速度[的]分解	resolution of velocity	
01.128	角速度	angular velocity	
01.129	分速度	component velocity	
01.130	合速度	resultant velocity	
01.131	平均速度	average velocity, mean velocity	
01.132	瞬时速度	instantaneous velocity	
01.133	径向速度	radial velocity	
01.134	横向速度	transverse velocity	
01.135	掠面速度	areal velocity	又称"扇形速度 (sector velocity)"。
01.136	绝对速度	absolute velocity	
01.137	牵连速度	convected velocity	

序 码	汉 文 名	英 文 名	注 释
01.138	相对速度	relative velocity	
01.139	初速[度]	initial velocity	
01.140	末速[度]	final velocity	
01.141	加速度	acceleration	
01.142	角加速度	angular acceleration	
01.143	加加速度	jerk	
01.144	径向加速度	radial acceleration	
01.145	横向加速度	transverse acceleration	
01.146	切向加速度	tangential acceleration	
01.147	轴向加速度	axial acceleration	
01.148	向心加速度	centripetal acceleration	
01.149	法向加速度	normal acceleration	
01.150	副法向加速度	binormal acceleration	
01.151	绝对加速度	absolute acceleration	
01.152	牵连加速度	convected acceleration	
01.153	相对加速度	relative acceleration	
01.154	科里奥利加速度	Coriolis acceleration	简称"科氏加速度"。
01.155	矢端图	hodograph	
01.156	内禀方程	intrinsic equation	
01.157	运动学方程	kinematical equation	
01.158	匀速运动	uniform motion	
01.159	加速运动	accelerated motion	
01.160	绝对运动	absolute motion	
01.161	牵连运动	convected motion	
01.162	相对运动	relative motion	
01.163	直线运动	rectilinear motion	
01.164	曲线运动	curvilinear motion	
01.165	圆周运动	circular motion	
01.166	螺旋运动	helical motion	
01.167	抛体运动	projectile motion	
01.168	复合运动	composite motion	
01.169	刚体运动	rigid body motion	
01.170	刚体定点运动	motion of rigid—body with a fixed point	
01.171	惯性	inertia	
01.172	惯性[参考]系	inertial [reference] frame, inertial [reference] system	

序码	汉文名	英文名	注释
01.173	质量守恒定律	law of conservation of mass	
01.174	伽利略变换	Galilean transformation	
01.175	伽利略相对性原理	Galilean principle of relativity	
01.176	伽利略不变性	Galilean invariance	
01.177	吸引力	attraction force	
01.178	引力	gravitation	
01.179	引力场	gravitational field	
01.180	引力常量	gravitational constant	
01.181	有势力	potential force	
01.182	保守力	conservative force	
01.183	耗散力	dissipative force	
01.184	平移	translation	
01.185	瞬时平移	instantaneous translation	
01.186	转动	rotation	
01.187	定轴转动	fixed−axis rotation	
01.188	平面运动	planar motion	
01.189	基点	base point	
01.190	[转动]瞬心	instantaneous center [of rotation]	
01.191	加速度瞬心	instantaneous center of accelera−tion	
01.192	瞬心迹	centrode	
01.193	定瞬心迹	fixed centrode	又称"空间瞬心迹(herpolhode)"。
01.194	动瞬心迹	moving centrode	又称"本体瞬心迹(polhode)"。
01.195	[转动]瞬轴	instantaneous axis [of rotation]	
01.196	瞬时螺旋轴	instantaneous screw axis	
01.197	定点运动	fixed−point motion	
01.198	定点转动	rotation around a fixed point	
01.199	沙勒定理	Chasles theorem	
01.200	欧拉角	Eulerian angle	
01.201	进动角	angle of precession	
01.202	章动角	angle of nutation	
01.203	自转角	angle of rotation	
01.204	欧拉运动学方程	Euler kinematical equations	
01.205	有限转动	finite rotation	

序　码	汉　文　名	英　文　名	注　释
01.206	无限小转动	infinitesimal rotation	
01.207	角[向]运动	angular motion	
01.208	俯仰	pitch	
01.209	侧滚	roll	
01.210	角位移	angular displacement	
01.211	角速度矢[量]	angular velocity vector	
01.212	极矢[量]	polar vector	
01.213	轴矢[量]	axial vector	
01.214	牛顿第一定律	Newton first law	
01.215	牛顿第二定律	Newton second law	
01.216	牛顿第三定律	Newton third law	
01.217	运动常量	constant of motion	
01.218	重力	gravity	
01.219	重力加速度	acceleration of gravity	
01.220	向心力	centripetal force	
01.221	离心力	centrifugal force	
01.222	阿特伍德机	Atwood machine	
01.223	弹道	ballistic curve	
01.224	弹道学	ballistics	
01.225	外弹道学	external ballistics	
01.226	极限速度	limiting velocity	
01.227	终极速度	terminal velocity	
01.228	失重	weightlessness	
01.229	超重	overweight	
01.230	加速度计	accelerometer	
01.231	逃逸速度	velocity of escape	
01.232	第一宇宙速度	first cosmic velocity	
01.233	第二宇宙速度	second cosmic velocity	
01.234	第三宇宙速度	third cosmic velocity	
01.235	质点系	system of particles	
01.236	动量	momentum	
01.237	动量定理	theorem of momentum	
01.238	动量守恒定律	law of conservation of momentum	
01.239	冲量	impulse	
01.240	反弹	bounce	
01.241	反冲	recoil	
01.242	质心	center of mass	

序 码	汉 文 名	英 文 名	注 释
01.243	孤立系	isolated system	
01.244	质心[参考]系	center-of-mass system	
01.245	实验室[坐标]系	laboratory [coordinate] system	
01.246	恢复冲量	impulse of restitution	
01.247	压缩冲量	impulse of compression	
01.248	恢复系数	coefficient of restitution	
01.249	斜碰	oblique impact	
01.250	碰撞	collision	
01.251	碰撞参量	impact parameter	
01.252	对心碰撞	central impact	
01.253	完全弹性碰撞	perfect elastic collision	
01.254	非完全弹性碰撞	imperfect elastic collision	
01.255	完全非弹性碰撞	perfect inelastic collision	
01.256	撞击中心	center of percussion	
01.257	变质量动力学	variable-mass dynamics	
01.258	变质量系	variable-mass system	
01.259	密歇尔斯基公式	Meshcherskii formula	
01.260	火箭	rocket	
01.261	动量矩	moment of momentum	又称"角动量(angular momentum)"。
01.262	动量矩定理	theorem of moment of momentum	
01.263	动量矩守恒定律	law of conservation of moment of momentum	
01.264	摆	pendulum	
01.265	单摆	simple pendulum	
01.266	等时性	isochronism	
01.267	等时摆	isochronous pendulum	
01.268	复摆	compound pendulum	
01.269	球面摆	spherical pendulum	
01.270	弹道摆	ballistic pendulum	
01.271	傅科摆	Foucault pendulum	
01.272	转动惯量	moment of inertia	
01.273	回转半径	radius of gyration	
01.274	平行轴定理	parallel axis theorem	
01.275	惯性积	product of inertia	
01.276	惯量椭球	ellipsoid of inertia	
01.277	主转动惯量	principal moment of inertia	

序　码	汉　文　名	英　文　名	注　　释
01.278	惯量主轴	principal axis of inertia	
01.279	中心惯量主轴	central principal axis of inertia	
01.280	刚体自由运动	free motion of rigid body	
01.281	陀螺	top	
01.282	陀螺仪	gyroscope	
01.283	重对称陀螺	heavy symmetrical top	
01.284	章动	nutation	
01.285	进动	precession	物理学称"旋进"。
01.286	规则进动	regular precession	
01.287	赝规则进动	pseudoregular precession	
01.288	潘索运动	Poinsot motion	
01.289	动能	kinetic energy	
01.290	动能定理	theorem of kinetic energy	
01.291	功	work	
01.292	元功	elementary work	
01.293	机械功	mechanical work	
01.294	功率	power	
01.295	势函数	potential function	
01.296	等势线	equipotential line	
01.297	等势面	equipotential surface	
01.298	重力场	gravity field	
01.299	机械能	mechanical energy	
01.300	机械能守恒定律	law of conservation of mechanical energy	
01.301	保守系	conservative system	
01.302	能量守恒定律	law of conservation of energy	
01.303	有心力	central force	
01.304	力心	center of force	
01.305	力场	force field	
01.306	有心力场	central field	
01.307	万有引力定律	law of universal gravitation	
01.308	开普勒定律	Kepler law	
01.309	有效势	effective potential	
01.310	二体问题	two-body problem	
01.311	简化质量	reduced mass	又称"约化质量"。为减少自由度而用的折算质量。

序 码	汉 文 名	英 文 名	注 释
01.312	三体问题	three-body problem	
01.313	多体问题	many-body problem	
01.314	摄动	perturbation	
01.315	动态静力学	kineto-statics	
01.316	达朗贝尔原理	d'Alembert principle	
01.317	达朗贝尔惯性力	d'Alembert inertial force	
01.318	科里奥利力	Coriolis force	简称"科氏力"。
01.319	惯性力	inertial force	
01.320	惯性离心力	inertial centrifugal force	
01.321	牵连惯性力	convected inertial force	
01.322	非惯性系统	noninertial system	
01.323	振动	vibration, oscillation	
01.324	机械振动	mechanical vibration	
01.325	小振动	small vibration	
01.326	稳定性	stability	
01.327	稳定性判据	stability criterion	
01.328	稳定平衡	stable equilibrium	
01.329	不稳定平衡	unstable equilibrium	
01.330	中性平衡	neutral equilibrium	
01.331	简谐运动	simple harmonic motion	
01.332	简谐振动	simple harmonic oscillation, simple harmonic vibration	
01.333	非谐振动	anharmonic vibration	
01.334	谐振子	harmonic oscillator	
01.335	振幅	amplitude	
01.336	固有频率	natural frequency	
01.337	角频率	angular frequency	
01.338	相角	phase angle	
01.339	相[位]	phase	
01.340	相[位]差	phase difference	
01.341	周期性	periodicity	
01.342	非周期性	aperiodicity	
01.343	暂态运动	transient motion	
01.344	阻尼振动	damped vibration	
01.345	阻尼	damping	
01.346	阻尼力	damping force	
01.347	临界阻尼	critical damping	

序 码	汉 文 名	英 文 名	注 释
01.348	欠阻尼	underdamping	
01.349	过阻尼	overdamping	
01.350	受迫振动	forced vibration	
01.351	驱动力	driving force	
01.352	共振	resonance	
01.353	共振频率	resonant frequency	
01.354	位移共振	displacement resonance	
01.355	速度共振	velocity resonance	
01.356	品质因数	quality factor	
01.357	振动模态	mode of vibration	又称"振型"。
01.358	简正频率	normal frequency	
01.359	简正振动	normal mode of vibration, normal vibration	
01.360	本征振动	eigenvibration	
01.361	本征矢[量]	eigenvector	
01.362	简正模[态]	normal mode	
01.363	简正坐标	normal coordinate	
01.364	[第二类]拉格朗日方程	Lagrange equation [of the second kind]	
01.365	第一类拉格朗日方程	Lagrange equation of the first kind	
01.366	力学系统	mechanical system	
01.367	自由度	degree of freedom	
01.368	约束运动	constrained motion	
01.369	理想约束	ideal constraint	
01.370	定常约束	steady constraint	
01.371	非定常约束	unsteady constraint	
01.372	双侧约束	bilateral constraint	
01.373	单侧约束	unilateral constraint	
01.374	完整约束	holonomic constraint	
01.375	非完整约束	nonholonomic constraint	
01.376	完整系	holonomic system	
01.377	非完整系	nonholonomic system	
01.378	位形空间	configuration space	
01.379	相空间	phase space	
01.380	广义力	generalized force	
01.381	广义坐标	generalized coordinate	

序 码	汉 文 名	英 文 名	注 释
01.382	广义速度	generalized velocity	
01.383	广义动量	generalized momentum	
01.384	广义动量积分	integral of generalized momentum	
01.385	广义能量积分	integral of generalized energy	
01.386	可遗坐标	ignorable coordinate	
01.387	作用量	action	
01.388	最小作用[量]原理	principle of least action	
01.389	连续介质	continuous medium	
01.390	连续统	continuum	
01.391	[可]变形体	deformable body	
01.392	弹性	elasticity	
01.393	弹性体	elastic body	
01.394	各向同性	isotropy	
01.395	各向异性	anisotropy	
01.396	屈服点	yield point	
01.397	塑性形变	plastic deformation	
01.398	切向应力	tangential stress	
01.399	剪切角	angle of shear	
01.400	剪切波	shear wave	
01.401	剪[切]模量	shear modulus	
01.402	扭秤	torsion balance	
01.403	扭摆	torsional pendulum	
01.404	弯[曲]应变	bending strain	
01.405	抗弯强度	bending strength	
01.406	欧拉流体动力学方程	Euler equations for hydrodynamics	
01.407	帕斯卡定律	Pascal law	
01.408	泊肃叶定律	Poiseuille law	
01.409	阿基米德原理	Archimedes principle	
01.410	流体	fluid	
01.411	理想流体	ideal fluid	
01.412	粘性流体	viscous fluid	
01.413	流体静力学	hydrostatics	
01.414	定常流[动]	steady flow	
01.415	连续[性]方程	continuity equation	
01.416	粘性	viscosity	

序　码	汉　文　名	英　文　名	注　　释
01.417	粘度	viscosity	又称"粘性系数(coefficient of viscosity)"。
01.418	运动粘度	kinematical viscosity	
01.419	动力粘度	kinetic viscosity	
01.420	压缩率	compressibility	
01.421	湍流	turbulence, turbulent flow	又称"紊流"。
01.422	涡流	eddy current	
01.423	压强	pressure	即压力强度，工程界习惯称"压力"。
01.424	压力	pressure	量纲为力。
01.425	静压	static pressure	
01.426	动压	dynamical pressure	
01.427	升力	lift force	曾用名"举力"。
01.428	空气阻力	air resistance	
01.429	[彻]体力	body force	
01.430	浮力	buoyancy force	
01.431	粘[性]力	viscous force	
01.432	湍流阻力	turbulent resistance	
01.433	气压计	barometer	
01.434	虹吸	siphon, syphon	
01.435	波	wave	
01.436	波阵面	wave front	
01.437	波前	wave front	
01.438	波数	wave number	
01.439	波包	wave packet	
01.440	多普勒效应	Doppler effect	
01.441	多普勒频移	Doppler shift	
01.442	惠更斯原理	Huygens principle	
01.443	波面	wave surface	
01.444	波矢[量]	wave vector	
01.445	波长	wavelength	
01.446	波峰	[wave] crest	
01.447	波腹	[wave] loop	
01.448	波节	[wave] node	
01.449	波谷	[wave] trough	
01.450	横波	transverse wave	

序 码	汉 文 名	英 文 名	注 释
01.451	纵波	longitudinal wave	
01.452	行波	travelling wave	
01.453	前进波	advancing wave, progressive wave	
01.454	平面波	plane wave	
01.455	球面波	spherical wave	
01.456	谐音	harmonic [sound]	
01.457	谐波	harmonic [wave]	
01.458	简谐波	simple harmonic wave	
01.459	机械波	mechanical wave	
01.460	声学	acoustics	
01.461	子波	wavelet	
01.462	次级子波	secondary wavelet	
01.463	驻波	standing wave	
01.464	声[音]	sound	
01.465	声强	intensity of sound	
01.466	声强计	phonometer	
01.467	声调	intonation	
01.468	音色	musical quality	
01.469	音调	pitch	
01.470	声级	sound level	
01.471	声压[强]	sound pressure	
01.472	声源	sound source	
01.473	声阻抗	acoustic impedance	
01.474	声抗	acoustic reactance	
01.475	声阻	acoustic resistance	
01.476	声导纳	acoustic admittance	
01.477	声导	acoustic conductance	
01.478	声纳	acoustic susceptance	
01.479	声共振	acoustic resonance	
01.480	声波	sound wave	
01.481	超声波	supersonic wave	
01.482	声速	sound velocity	
01.483	次声波	infrasonic wave	
01.484	亚声速	subsonic speed	又称"亚音速"。
01.485	超声速	supersonic speed	又称"超音速"。
01.486	声呐	sonar	
01.487	共鸣	resonance	

序 码	汉文名	英文名	注 释
01.488	回波	echo	
01.489	回声	echo	
01.490	拍	beat	
01.491	拍频	beat frequency	
01.492	群速	group velocity	
01.493	相速	phase velocity	
01.494	能流	energy flux	
01.495	能流密度	energy flux density	
01.496	材料力学	mechanics of materials, strength of materials	
01.497	应力	stress	
01.498	法向应力	normal stress	
01.499	剪[切]应力	shear stress	
01.500	单轴应力	uniaxial stress	
01.501	双轴应力	biaxial stress	
01.502	拉[伸]应力	tensile stress	
01.503	压[缩]应力	compressive stress	
01.504	周向应力	circumferential stress	
01.505	纵向应力	longitudinal stress	
01.506	轴向应力	axial stress	
01.507	弯[曲]应力	bending stress, flexural stress	
01.508	扭[转]应力	torsional stress	
01.509	局部应力	localized stress	
01.510	残余应力	residual stress	
01.511	热应力	thermal stress	
01.512	最大法向应力	maximum normal stress	
01.513	最小法向应力	minimum normal stress	
01.514	最大剪应力	maximum shear stress	
01.515	主应力	principal stress	
01.516	主剪应力	principal shear stress	
01.517	工作应力	working stress	
01.518	许用应力	allowable stress	
01.519	应力集中	stress concentration	
01.520	应力集中系数	stress concentration factor	
01.521	应力状态	state of stress	
01.522	应力分析	stress analysis	
01.523	应力波	stress wave	

序　码	汉 文 名	英 文 名	注　释
01.524	应变	strain	
01.525	剪[切]应变	shear strain	
01.526	法向应变	normal strain	
01.527	拉[伸]应变	tensile strain	
01.528	压[缩]应变	compressive strain	
01.529	体积应变	volumetric strain	
01.530	残余应变	residual strain	
01.531	热应变	thermal strain	
01.532	最大法向应变	maximum normal strain	
01.533	主应变	principal strain	
01.534	主剪应变	principal shear strain	
01.535	名义应变	nominal strain	
01.536	应变状态	state of strain	
01.537	载荷	load	又称"荷载"。
01.538	集中载荷	concentrated load	
01.539	分布载荷	distributed load	
01.540	死载[荷]	dead load	
01.541	活载[荷]	live load	
01.542	动载[荷]	dynamic load	
01.543	突加载荷	suddenly applied load	
01.544	移动载荷	moving load	
01.545	加载	loading	
01.546	单调加载	monotonic loading	
01.547	重复加载	repeated loading	
01.548	循环加载	cyclic loading	
01.549	偏心加载	eccentric loading	
01.550	赘余反力	redundant reaction	
01.551	承压应力	bearing stress	
01.552	轴承应力	bearing stress	
01.553	模量	modulus	
01.554	弹性模量	modulus of elasticity	
01.555	杨氏模量	Young modulus	
01.556	体积模量	bulk modulus	
01.557	泊松比	Poisson ratio	
01.558	胡克定律	Hooke law	
01.559	广义胡克定律	generalized Hooke law	
01.560	柔度	compliance	

序 码	汉 文 名	英 文 名	注 释
01.561	拉伸试验	tensile test	
01.562	应力应变图	stress—strain diagram	
01.563	比例极限	proportional limit	
01.564	弹性极限	elastic limit	
01.565	屈服极限	yield limit	
01.566	强度极限	ultimate strength	
01.567	持久极限	endurance limit	
01.568	屈服强度	yield strength	
01.569	韧性	toughness	
01.570	韧度	toughness	
01.571	延性	ductility	
01.572	脆性	brittleness	
01.573	延伸率	specific elongation	
01.574	冲击韧性	impact toughness	
01.575	硬度	hardness	
01.576	布氏硬度	Brinell hardness	
01.577	维氏硬度	Vickers hardness	
01.578	洛氏硬度	Rockwell hardness	
01.579	显微硬度	micro—penetration hardness	
01.580	颈缩	necking	
01.581	破裂	rupture	
01.582	破坏	fracture, failure	
01.583	失效	failure	
01.584	蠕变	creep	
01.585	安全系数	safety factor	
01.586	安全裕度	safety margin	
01.587	平面应力	plane stress	
01.588	平面应变	plane strain	
01.589	莫尔圆	Mohr circle	
01.590	形心	centroid of area	
01.591	静矩	static moment	
01.592	主轴	principal axis	
01.593	中性轴	neutral axis	
01.594	中性面	neutral surface	
01.595	横截面	cross—section	
01.596	极惯性矩	polar moment of inertia	
01.597	截面模量	section modulus	

序 码	汉 文 名	英 文 名	注 释
01.598	弹性截面模量	elastic section modulus	
01.599	塑性截面模量	plastic section modulus	
01.600	应变能	strain energy	
01.601	弹性应变能	elastic strain energy	
01.602	势能	potential energy	
01.603	余能	complementary energy	
01.604	体积改变能	energy of volume change	
01.605	畸变能	energy of distortion	
01.606	畸变能理论	distortion energy theory	
01.607	虚位移	virtual displacement	
01.608	虚力	virtual force	
01.609	虚功	virtual work	
01.610	虚功原理	virtual work principle	
01.611	卡氏第一定理	Castigliano first theorem	
01.612	卡氏第二定理	Castigliano second theorem	
01.613	强度理论	theory of strength	
01.614	最大法向应力理论	maximum normal stress theory	
01.615	最大法向应变理论	maximum normal strain theory	
01.616	最大剪应力理论	maximum shear stress theory	
01.617	八面体剪应力理论	octahedral shear stress theory	
01.618	八面体剪应变	octahedral shear strain	
01.619	八面体剪应力	octahedral shear stress	
01.620	杆	bar	
01.621	薄壁杆	thin—walled bar	
01.622	变截面杆	bar of variable cross—section	
01.623	梁	beam	
01.624	简支	simply supported	
01.625	简支梁	simply supported beam	
01.626	固支	clamped, built—in	
01.627	固支梁	built—in beam, clamped—end beam	又称"嵌入梁"。
01.628	外伸梁	overhanging beam	
01.629	悬臂梁	cantilever [beam]	
01.630	曲梁	curved beam	

序 码	汉 文 名	英 文 名	注 释
01.631	静定梁	statically determinate beam	
01.632	超静定梁	statically indeterminate beam	
01.633	连续梁	continuous beam	
01.634	薄壁梁	thin-walled beam	
01.635	变截面梁	beam of variable cross-section	
01.636	等强度梁	beam of constant strength	
01.637	夹层梁	sandwich beam	
01.638	工字梁	I-shape beam	
01.639	铁摩辛柯梁	Timoshenko beam	
01.640	梁腹	web	
01.641	梁柱	beam-column	
01.642	柱	column	
01.643	长细比	slenderness ratio	
01.644	有效柱长	effective column length	
01.645	索	cord	
01.646	[圆]筒	cylinder	
01.647	薄壁筒	thin-walled cylinder	
01.648	厚壁筒	thick-walled cylinder	
01.649	管	tube	
01.650	铰[链]	hinge	
01.651	塑性铰	plastic hinge	
01.652	膜力	membrane force	
01.653	环	ring	
01.654	桁架	truss	
01.655	刚架	frame	又称"框架"。
01.656	[转]轴	shaft	
01.657	弹簧	spring	
01.658	弹簧常量	spring constant	
01.659	接头	joint	
01.660	静定结构	statically determinate structure	
01.661	超静定结构	statically indeterminate structure	
01.662	拉伸	tension	
01.663	压缩	compression	
01.664	轴[向]力	axial force	
01.665	轴力图	axial force diagram	
01.666	偏心拉伸	eccentric tension	
01.667	偏心压缩	eccentric compression	

序 码	汉 文 名	英 文 名	注 释
01.668	弯曲	bending	
01.669	纯弯曲	pure bending	
01.670	斜弯曲	oblique bending	
01.671	平面弯曲	plane bending	
01.672	非对称弯曲	unsymmetric bending	
01.673	非弹性弯曲	inelastic bending	
01.674	平截面假定	plane cross-section assumption	
01.675	挠度	deflection	
01.676	弯矩	bending moment	
01.677	弯矩图	bending moment diagram	
01.678	剪力	shear force	
01.679	剪力图	shear force diagram	
01.680	应力迹线	stress trajectory	
01.681	挠曲	flexure	
01.682	抗弯刚度	flexural rigidity	
01.683	弹性曲线	elastic curve	
01.684	剪切	shear	
01.685	剪[切中]心	shear center	
01.686	扭转	torsion	
01.687	扭矩	torsional moment	
01.688	扭矩图	torque diagram	
01.689	抗扭刚度	torsional rigidity	
01.690	薄膜比拟	membrane analogy	
01.691	扭曲	twist	
01.692	翘曲	warping	
01.693	屈曲	buckling	
01.694	前屈曲	pre-buckling	
01.695	后屈曲	post-buckling	
01.696	欧拉临界载荷	Euler critical load	
01.697	撞击	impact	
01.698	撞击因子	impact factor	
01.699	撞击应力	impact stress	
01.700	力法	force method	
01.701	位移法	displacement method	
01.702	刚度法	stiffness method	
01.703	柔度法	flexibility method	
01.704	傀载[荷]法	dummy-load method	又称"单位载荷法"。

序 码	汉 文 名	英 文 名	注 释
01.705	逐次积分法	successive integration method	
01.706	叠加法	superposition method	
01.707	叠加原理	superposition principle	
01.708	圣维南原理	Saint−Venant principle	

02. 一 般 力 学

序 码	汉 文 名	英 文 名	注 释
02.001	分析力学	analytical mechanics	
02.002	拉格朗日乘子	Lagrange multiplier	
02.003	拉格朗日[量]	Lagrangian	
02.004	拉格朗日括号	Lagrange bracket	
02.005	循环坐标	cyclic coordinate	
02.006	循环积分	cyclic integral	
02.007	哈密顿[量]	Hamiltonian	
02.008	哈密顿函数	Hamiltonian function	
02.009	正则方程	canonical equation	
02.010	正则摄动	canonical perturbation	
02.011	正则变换	canonical transformation	
02.012	正则变量	canonical variable	
02.013	哈密顿原理	Hamilton principle	
02.014	作用量积分	action integral	
02.015	哈密顿−雅可比方程	Hamilton−Jacobi equation	
02.016	作用−角度变量	action−angle variables	
02.017	阿佩尔方程	Appell equation	
02.018	劳斯方程	Routh equation	
02.019	拉格朗日函数	Lagrangian function	
02.020	诺特定理	Noether theorem	
02.021	泊松括号	Poisson bracket	
02.022	边界积分法	boundary integral method	
02.023	并矢	dyad	
02.024	运动稳定性	stability of motion	
02.025	轨道稳定性	orbital stability	
02.026	李雅普诺夫函数	Lyapunov function	
02.027	渐近稳定性	asymptotic stability	

序 码	汉 文 名	英 文 名	注 释
02.028	结构稳定性	structural stability	
02.029	久期不稳定性	secular instability	
02.030	弗洛凯定理	Floquet theorem	
02.031	倾覆力矩	capsizing moment	
02.032	自由振动	free vibration	
02.033	固有振动	natural vibration	
02.034	暂态	transient state	曾用名"瞬态"。
02.035	环境振动	ambient vibration	
02.036	反共振	anti-resonance	
02.037	衰减	attenuation	
02.038	库仑阻尼	Coulomb damping	
02.039	同相分量	in-phase component	
02.040	非同相分量	out-of-phase component	
02.041	超调量	overshoot	又称"过冲"。
02.042	参量[激励]振动	parametric vibration	
02.043	模糊振动	fuzzy vibration	
02.044	临界转速	critical speed of rotation	
02.045	阻尼器	damper	
02.046	半峰宽度	half-peak width	
02.047	集总参量系统	lumped parameter system	
02.048	相平面法	phase plane method	
02.049	相轨迹	phase trajectory	
02.050	等倾线法	isocline method	
02.051	跳跃现象	jump phenomenon	
02.052	负阻尼	negative damping	
02.053	达芬方程	Duffing equation	
02.054	希尔方程	Hill equation	
02.055	KBM 方法	KBM method, Krylov-Bogoliu-bov-Mitropol′skii method	
02.056	马蒂厄方程	Mathieu equation	
02.057	平均法	averaging method	
02.058	组合音调	combination tone	
02.059	解谐	detuning	
02.060	耗散函数	dissipative function	
02.061	硬激励	hard excitation	
02.062	硬弹簧	hard spring, hardening spring	
02.063	谐波平衡法	harmonic balance method	

序 码	汉 文 名	英 文 名	注 释
02.064	久期项	secular term	
02.065	自激振动	self-excited vibration	简称"自振"。
02.066	分界线	separatrix	
02.067	亚谐波	subharmonic	曾用名"次谐波"。
02.068	软弹簧	soft spring, softening spring	
02.069	软激励	soft excitation	
02.070	邓克利公式	Dunkerley formula	
02.071	瑞利定理	Rayleigh theorem	
02.072	分布参量系统	distributed parameter system	
02.073	优势频率	dominant frequency	
02.074	模态分析	modal analysis	
02.075	固有模态	natural mode of vibration	又称"固有振型"。
02.076	同步	synchronization	
02.077	超谐波	ultraharmonic	
02.078	范德波尔方程	van der Pol equation	
02.079	频谱	frequency spectrum	
02.080	基频	fundamental frequency	
02.081	WKB 方法	WKB method, Wentzel-Kramers-Brillouin method	
02.082	缓冲器	buffer	
02.083	风激振动	aeolian vibration	
02.084	嗡鸣	buzz	
02.085	倒谱	cepstrum	
02.086	颤动	chatter	
02.087	蛇行	hunting	
02.088	阻抗匹配	impedance matching	
02.089	机械导纳	mechanical admittance	
02.090	机械效率	mechanical efficiency	
02.091	机械阻抗	mechanical impedance	
02.092	随机振动	stochastic vibration, random vibration	
02.093	隔振	vibration isolation	
02.094	减振	vibration reduction	
02.095	应力过冲	stress overshoot	
02.096	喘振	surge	
02.097	摆振	shimmy	
02.098	起伏运动	phugoid motion	

序 码	汉 文 名	英 文 名	注 释
02.099	起伏振荡	phugoid oscillation	
02.100	驰振	galloping	
02.101	陀螺动力学	gyrodynamics	
02.102	陀螺摆	gyropendulum	
02.103	陀螺平台	gyroplatform	
02.104	陀螺力矩	gyroscopic torque	
02.105	陀螺稳定器	gyrostabilizer	
02.106	陀螺体	gyrostat	
02.107	惯性导航	inertial guidance	
02.108	姿态角	attitude angle	
02.109	方位角	azimuthal angle	
02.110	舒勒周期	Schuler period	
02.111	机器人动力学	robot dynamics	
02.112	多体系统	multibody system	
02.113	多刚体系统	multi-rigid-body system	
02.114	机动性	maneuverability	
02.115	凯恩方法	Kane method	
02.116	转子[系统]动力学	rotor dynamics	
02.117	转子[-支承-基础]系统	rotor-support-foundation system	
02.118	静平衡	static balancing	
02.119	动平衡	dynamic balancing	
02.120	静不平衡	static unbalance	
02.121	动不平衡	dynamic unbalance	
02.122	现场平衡	field balancing	
02.123	不平衡	unbalance	
02.124	不平衡量	unbalance	
02.125	互耦力	cross force	转子径向运动导致的力。
02.126	挠性转子	flexible rotor	
02.127	分频进动	fractional frequency precession	
02.128	半频进动	half frequency precession	
02.129	油膜振荡	oil whip	
02.130	转子临界转速	rotor critical speed	
02.131	自动定心	self-alignment	转子超临界转动时重心趋近轴心的现象。

序 码	汉文名	英 文 名	注 释
02.132	亚临界转速	subcritical speed	
02.133	涡动	whirl	转子绕进动柔轴的转动。

03. 固 体 力 学

序 码	汉文名	英 文 名	注 释
03.001	弹性力学	elasticity	
03.002	弹性理论	theory of elasticity	
03.003	均匀应力状态	homogeneous state of stress	
03.004	应力不变量	stress invariant	
03.005	应变不变量	strain invariant	
03.006	应变椭球	strain ellipsoid	
03.007	均匀应变状态	homogeneous state of strain	
03.008	应变协调方程	equation of strain compatibility	
03.009	拉梅常量	Lamé constants	
03.010	各向同性弹性	isotropic elasticity	
03.011	旋转圆盘	rotating circular disk	
03.012	楔	wedge	
03.013	开尔文问题	Kelvin problem	
03.014	布西内斯克问题	Boussinesq problem	
03.015	艾里应力函数	Airy stress function	
03.016	克罗索夫－穆斯赫利什维利法	Kolosoff－Muskhelishvili method	
03.017	基尔霍夫假设	Kirchhoff hypothesis	
03.018	板	plate	
03.019	矩形板	rectangular plate	
03.020	圆板	circular plate	
03.021	环板	annular plate	
03.022	波纹板	corrugated plate	
03.023	加劲板	stiffened plate, reinforced plate	
03.024	中厚板	plate of moderate thickness	
03.025	弯[曲]应力函数	stress function of bending	
03.026	壳	shell	
03.027	扁壳	shallow shell	
03.028	旋转壳	revolutionary shell	

序 码	汉 文 名	英 文 名	注 释
03.029	球壳	spherical shell	
03.030	[圆]柱壳	cylindrical shell	
03.031	锥壳	conical shell	
03.032	环壳	toroidal shell	
03.033	封闭壳	closed shell	
03.034	波纹壳	corrugated shell	
03.035	扭[转]应力函数	stress function of torsion	
03.036	翘曲函数	warping function	
03.037	半逆解法	semi−inverse method	
03.038	瑞利−里茨法	Rayleigh−Ritz method	
03.039	松弛法	relaxation method	
03.040	莱维法	Levy method	
03.041	松弛	relaxation	
03.042	量纲分析	dimensional analysis	
03.043	自相似[性]	self−similarity	
03.044	影响面	influence surface	
03.045	接触应力	contact stress	
03.046	赫兹理论	Hertz theory	
03.047	协调接触	conforming contact	
03.048	滑动接触	sliding contact	
03.049	滚动接触	rolling contact	
03.050	压入	indentation	
03.051	各向异性弹性	anisotropic elasticity	
03.052	颗粒材料	granular material	
03.053	散体力学	mechanics of granular media	
03.054	热弹性	thermoelasticity	
03.055	超弹性	hyperelasticity	
03.056	粘弹性	viscoelasticity	
03.057	对应原理	correspondence principle	
03.058	褶皱	wrinkle	
03.059	塑性全量理论	total theory of plasticity	又称"塑性形变理论(deformation theory of plasticity)"。
03.060	滑动	sliding	
03.061	微滑	microslip	
03.062	粗糙度	roughness	
03.063	非线性弹性	nonlinear elasticity	

序　码	汉　文　名	英　文　名	注　　释
03.064	大挠度	large deflection	
03.065	突弹跳变	snap-through	简称"突跳"。
03.066	有限变形	finite deformation	
03.067	格林应变	Green strain	
03.068	阿尔曼西应变	Almansi strain	
03.069	弹性动力学	dynamic elasticity	
03.070	运动方程	equation of motion	
03.071	准静态的	quasi-static	
03.072	气动弹性	aeroelasticity	
03.073	水弹性	hydroelasticity	
03.074	颤振	flutter	
03.075	弹性波	elastic wave	
03.076	简单波	simple wave	
03.077	柱面波	cylindrical wave	
03.078	水平剪切波	horizontal shear wave	
03.079	竖直剪切波	vertical shear wave	
03.080	体波	body wave	
03.081	无旋波	irrotational wave	
03.082	畸变波	distortion wave	
03.083	膨胀波	dilatation wave	
03.084	瑞利波	Rayleigh wave	
03.085	等容波	equivoluminal wave	
03.086	勒夫波	Love wave	
03.087	界面波	interfacial wave	
03.088	边缘效应	edge effect	
03.089	塑性力学	plasticity	
03.090	可成形性	formability	
03.091	金属成形	metal forming	
03.092	耐撞性	crashworthiness	
03.093	结构抗撞毁性	structural crashworthiness	
03.094	拉拔	drawing	
03.095	破坏机构	collapse mechanism	又称"坍塌机构"。
03.096	回弹	springback	
03.097	挤压	extrusion	
03.098	冲压	stamping	
03.099	穿透	perforation	
03.100	层裂	spalling	

序 码	汉 文 名	英 文 名	注 释
03.101	塑性理论	theory of plasticity	
03.102	安定[性]理论	shake-down theory	
03.103	运动安定定理	kinematic shake-down theorem	
03.104	静力安定定理	static shake-down theorem	
03.105	率相关理论	rate dependent theory	
03.106	率无关理论	rate independent theory	
03.107	载荷因子	load factor	
03.108	加载准则	loading criterion	
03.109	加载函数	loading function	
03.110	加载面	loading surface	
03.111	塑性加载	plastic loading	
03.112	塑性加载波	plastic loading wave	
03.113	简单加载	simple loading	
03.114	比例加载	proportional loading	
03.115	卸载	unloading	
03.116	卸载波	unloading wave	
03.117	冲击载荷	impulsive load	
03.118	阶跃载荷	step load	
03.119	脉冲载荷	pulse load	
03.120	极限载荷	limit load	
03.121	中性变载	neutral loading	
03.122	拉伸失稳	instability in tension	
03.123	加速度波	acceleration wave	
03.124	本构方程	constitutive equation	
03.125	完全解	complete solution	
03.126	名义应力	nominal stress	
03.127	过应力	over-stress	
03.128	真应力	true stress	
03.129	等效应力	equivalent stress	
03.130	流动应力	flow stress	
03.131	应力间断	stress discontinuity	
03.132	应力空间	stress space	
03.133	主应力空间	principal stress space	
03.134	静水应力状态	hydrostatic state of stress	
03.135	对数应变	logarithmic strain	
03.136	工程应变	engineering strain	
03.137	等效应变	equivalent strain	

序 码	汉文名	英 文 名	注 释
03.138	应变局部化	strain localization	
03.139	应变率	strain rate	
03.140	应变率敏感性	strain rate sensitivity	
03.141	应变空间	strain space	
03.142	有限应变	finite strain	
03.143	塑性应变增量	plastic strain increment	
03.144	累积塑性应变	accumulated plastic strain	
03.145	永久变形	permanent deformation	
03.146	内变量	internal variable	
03.147	应变软化	strain-softening	
03.148	理想刚塑性材料	rigid-perfectly plastic material	
03.149	刚塑性材料	rigid-plastic material	
03.150	理想塑性材料	perfectly plastic material	
03.151	材料稳定性	stability of material	
03.152	应变偏张量	deviatoric tensor of strain	
03.153	应力偏张量	deviatoric tensor of stress	
03.154	应变球张量	spherical tensor of strain	
03.155	应力球张量	spherical tensor of stress	
03.156	路径相关性	path-dependency	
03.157	线性强化	linear strain-hardening	又称"线性硬化"。
03.158	应变强化	strain-hardening	又称"应变硬化"。
03.159	随动强化	kinematic hardening	又称"随动硬化"。
03.160	各向同性强化	isotropic hardening	又称"各向同性硬化"。
03.161	强化模量	strain-hardening modulus	
03.162	幂强化	power hardening	
03.163	塑性极限弯矩	plastic limit bending moment	
03.164	塑性极限扭矩	plastic limit torque	
03.165	弹塑性弯曲	elastic-plastic bending	
03.166	弹塑性交界面	elastic-plastic interface	
03.167	弹塑性扭转	elastic-plastic torsion	
03.168	粘塑性	viscoplasticity	
03.169	非弹性	inelasticity	
03.170	理想弹塑性材料	elastic-perfectly plastic material	
03.171	极限分析	limit analysis	
03.172	极限设计	limit design	
03.173	极限面	limit surface	

序 码	汉 文 名	英 文 名	注 释
03.174	上限定理	upper bound theorem	
03.175	上屈服点	upper yield point	
03.176	下屈服点	lower bound theorem	
03.177	下屈服点	lower yield point	
03.178	界限定理	bound theorem	
03.179	初始屈服面	initial yield surface	
03.180	后继屈服面	subsequent yield surface	
03.181	屈服面[的]外凸性	convexity of yield surface	
03.182	截面形状因子	shape factor of cross-section	
03.183	沙堆比拟	sand heap analogy	
03.184	屈服	yield	
03.185	屈服条件	yield condition	
03.186	屈服准则	yield criterion	
03.187	屈服函数	yield function	
03.188	屈服面	yield surface	
03.189	塑性势	plastic potential	
03.190	能量吸收装置	energy absorbing device	
03.191	能量耗散率	energy dissipating rate	
03.192	塑性动力学	dynamic plasticity	
03.193	塑性动力屈曲	dynamic plastic buckling	
03.194	塑性动力响应	dynamic plastic response	
03.195	塑性波	plastic wave	
03.196	运动容许场	kinematically admissible field	曾用名"机动容许场"。
03.197	静力容许场	statically admissible field	
03.198	流动法则	flow rule	
03.199	速度间断	velocity discontinuity	
03.200	滑移线	slip-lines	
03.201	滑移线场	slip-lines field	
03.202	移行塑性铰	travelling plastic hinge	
03.203	塑性增量理论	incremental theory of plasticity	又称"塑性流动理论(flow theory of plasticity)"。
03.204	米泽斯屈服准则	Mises yield criterion	
03.205	普朗特-罗伊斯关系	Prandtl-Reuss relation	

序 码	汉文名	英 文 名	注 释
03.206	特雷斯卡屈服准则	Tresca yield criterion	
03.207	洛德应力参数	Lode stress parameter	
03.208	莱维-米泽斯关系	Levy-Mises relation	
03.209	亨基应力方程	Hencky stress equation	
03.210	赫艾-韦斯特加德应力空间	Haigh-Westergaard stress space	
03.211	洛德应变参数	Lode strain parameter	
03.212	德鲁克公设	Drucker postulate	
03.213	盖林格速度方程	Geiringer velocity equation	
03.214	结构力学	structural mechanics	
03.215	结构分析	structural analysis	
03.216	结构动力学	structural dynamics	
03.217	拱	arch	
03.218	三铰拱	three-hinged arch	
03.219	抛物线拱	parabolic arch	
03.220	圆拱	circular arch	
03.221	穹顶	dome	
03.222	空间结构	space structure	
03.223	空间桁架	space truss	
03.224	雪载[荷]	snow load	
03.225	风载[荷]	wind load	
03.226	土压力	earth pressure	
03.227	地震载荷	earthquake loading	
03.228	弹簧支座	spring support	
03.229	支座位移	support displacement	
03.230	支座沉降	support settlement	
03.231	超静定次数	degree of indeterminacy	
03.232	机动分析	kinematic analysis	
03.233	结点法	method of joints	
03.234	截面法	method of sections	
03.235	结点力	joint forces	
03.236	共轭位移	conjugate displacement	
03.237	影响线	influence line	
03.238	三弯矩方程	three-moment equation	
03.239	单位虚力	unit virtual force	

序 码	汉 文 名	英 文 名	注 释
03.240	刚度系数	stiffness coefficient	
03.241	柔度系数	flexibility coefficient	
03.242	力矩分配	moment distribution	
03.243	力矩分配法	moment distribution method	
03.244	力矩再分配	moment redistribution	
03.245	分配系数	distribution factor	
03.246	矩阵位移法	matrix displacement method	
03.247	单元刚度矩阵	element stiffness matrix	
03.248	单元应变矩阵	element strain matrix	
03.249	总体坐标	global coordinates	
03.250	贝蒂定理	Betti theorem	
03.251	高斯-若尔当消去法	Gauss-Jordan elimination method	
03.252	屈曲模态	buckling mode	
03.253	复合材料力学	mechanics of composites	
03.254	复合材料	composite material	
03.255	纤维复合材料	fibrous composite	
03.256	单向复合材料	unidirectional composite	
03.257	泡沫复合材料	foamed composite	
03.258	颗粒复合材料	particulate composite	
03.259	层板	laminate	
03.260	夹层板	sandwich panel	
03.261	正交层板	cross-ply laminate	
03.262	斜交层板	angle-ply laminate	
03.263	层片	ply	
03.264	多胞固体	cellular solid	
03.265	膨胀	expansion	
03.266	压实	debulk	
03.267	劣化	degradation	
03.268	脱层	delamination	
03.269	脱粘	debond	
03.270	纤维应力	fiber stress	
03.271	层应力	ply stress	
03.272	层应变	ply strain	
03.273	层间应力	interlaminar stress	
03.274	比强度	specific strength	
03.275	强度折减系数	strength reduction factor	

序 码	汉 文 名	英 文 名	注 释
03.276	强度应力比	strength-stress ratio	
03.277	横向剪切模量	transverse shear modulus	
03.278	横观各向同性	transverse isotropy	
03.279	正交各向异性	orthotropy	
03.280	剪滞分析	shear lag analysis	
03.281	短纤维	chopped fiber	
03.282	长纤维	continuous fiber	
03.283	纤维方向	fiber direction	
03.284	纤维断裂	fiber break	
03.285	纤维拔脱	fiber pull-out	
03.286	纤维增强	fiber reinforcement	
03.287	致密化	densification	
03.288	最小重量设计	optimum weight design	
03.289	网格分析法	netting analysis	
03.290	混合律	rule of mixture	
03.291	失效准则	failure criterion	
03.292	蔡-吴失效准则	Tsai-Wu failure criterion	
03.293	达格代尔模型	Dugdale model	
03.294	断裂力学	fracture mechanics	
03.295	概率断裂力学	probabilistic fracture mechanics	
03.296	格里菲思理论	Griffith theory	
03.297	线弹性断裂力学	linear elastic fracture mechanics, LEFM	
03.298	弹塑性断裂力学	elastic-plastic fracture mechanics, EPFM	
03.299	断裂	fracture	
03.300	脆性断裂	brittle fracture	简称"脆断"。
03.301	解理断裂	cleavage fracture	
03.302	蠕变断裂	creep fracture	
03.303	延性断裂	ductile fracture	
03.304	晶间断裂	inter-granular fracture	
03.305	准解理断裂	quasi-cleavage fracture	
03.306	穿晶断裂	trans-granular fracture	
03.307	裂纹	crack	
03.308	裂缝	flaw	
03.309	缺陷	defect	
03.310	割缝	slit	

序 码	汉 文 名	英 文 名	注 释
03.311	微裂纹	microcrack	
03.312	折裂	kink	
03.313	椭圆裂纹	elliptical crack	
03.314	深埋裂纹	embedded crack	
03.315	[钱]币状裂纹	penny–shape crack	
03.316	预制裂纹	precrack	
03.317	短裂纹	short crack	
03.318	表面裂纹	surface crack	
03.319	裂纹钝化	crack blunting	
03.320	裂纹分叉	crack branching	
03.321	裂纹闭合	crack closure	
03.322	裂纹前缘	crack front	
03.323	裂纹嘴	crack mouth	
03.324	裂纹张开角	crack opening angle, COA	
03.325	裂纹张开位移	crack opening displacement, COD	
03.326	裂纹阻力	crack resistance	
03.327	裂纹面	crack surface	
03.328	裂纹尖端	crack tip	简称"裂尖"。
03.329	裂尖张角	crack tip opening angle, CTOA	
03.330	裂尖张开位移	crack tip opening displacement, CTOD	
03.331	裂尖奇异场	crack tip singularity field	
03.332	裂纹扩展速率	crack growth rate	
03.333	稳定裂纹扩展	stable crack growth	
03.334	定常裂纹扩展	steady crack growth	
03.335	亚临界裂纹扩展	subcritical crack growth	
03.336	裂纹[扩展]减速	crack retardation	
03.337	止裂	crack arrest	
03.338	止裂韧度	arrest toughness	
03.339	断裂类型	fracture mode	
03.340	滑开型	sliding mode	
03.341	张开型	opening mode	
03.342	撕开型	tearing mode	
03.343	复合型	mixed mode	张开、滑开、撕开三型中有任意两种或三种并存者。
03.344	撕裂	tearing	

序 码	汉 文 名	英 文 名	注 释
03.345	撕裂模量	tearing modulus	
03.346	断裂准则	fracture criterion	
03.347	J 积分	J—integral	
03.348	J 阻力曲线	J—resistance curve	
03.349	断裂韧度	fracture toughness	
03.350	应力强度因子	stress intensity factor	
03.351	HRR 场	Hutchinson—Rice—Rosengren field	
03.352	守恒积分	conservation integral	
03.353	有效应力张量	effective stress tensor	
03.354	应变能密度	strain energy density	
03.355	能量释放率	energy release rate	
03.356	内聚区	cohesive zone	
03.357	塑性区	plastic zone	
03.358	张拉区	stretched zone	
03.359	热影响区	heat affected zone, HAZ	
03.360	延脆转变温度	brittle—ductile transition temperature	
03.361	剪切带	shear band	
03.362	剪切唇	shear lip	
03.363	无损检测	non—destructive inspection	
03.364	双边缺口试件	double edge notched specimen, DEN specimen	
03.365	单边缺口试件	single edge notched specimen, SEN specimen	
03.366	三点弯曲试件	three point bending specimen, TPB specimen	
03.367	中心裂纹拉伸试件	center cracked tension specimen, CCT specimen	
03.368	中心裂纹板试件	center cracked panel specimen, CCP specimen	
03.369	紧凑拉伸试件	compact tension specimen, CT specimen	
03.370	大范围屈服	large scale yielding	
03.371	小范围屈服	small scale yielding	
03.372	韦布尔分布	Weibull distribution	
03.373	帕里斯公式	Paris formula	

序 码	汉 文 名	英 文 名	注 释
03.374	空穴化	cavitation	
03.375	应力腐蚀	stress corrosion	
03.376	概率风险判定	probabilistic risk assessment, PRA	
03.377	损伤力学	damage mechanics	
03.378	损伤	damage	
03.379	连续介质损伤力学	continuum damage mechanics	
03.380	细观损伤力学	microscopic damage mechanics	
03.381	累积损伤	accumulated damage	
03.382	脆性损伤	brittle damage	
03.383	延性损伤	ductile damage	
03.384	宏观损伤	macroscopic damage	
03.385	细观损伤	microscopic damage	
03.386	微观损伤	microscopic damage	
03.387	损伤准则	damage criterion	
03.388	损伤演化方程	damage evolution equation	
03.389	损伤软化	damage softening	
03.390	损伤强化	damage strengthening	
03.391	损伤张量	damage tensor	
03.392	损伤阈值	damage threshold	
03.393	损伤变量	damage variable	
03.394	损伤矢量	damage vector	
03.395	损伤区	damage zone	
03.396	疲劳	fatigue	
03.397	低周疲劳	low cycle fatigue	
03.398	应力疲劳	stress fatigue	
03.399	随机疲劳	random fatigue	
03.400	蠕变疲劳	creep fatigue	
03.401	腐蚀疲劳	corrosion fatigue	
03.402	疲劳损伤	fatigue damage	
03.403	疲劳失效	fatigue failure	
03.404	疲劳断裂	fatigue fracture	
03.405	疲劳裂纹	fatigue crack	
03.406	疲劳寿命	fatigue life	
03.407	疲劳破坏	fatigue rupture	
03.408	疲劳强度	fatigue strength	

序码	汉文名	英文名	注释
03.409	疲劳辉纹	fatigue striations	
03.410	疲劳阈值	fatigue threshold	
03.411	交变载荷	alternating load	
03.412	交变应力	alternating stress	
03.413	应力幅值	stress amplitude	
03.414	应变疲劳	strain fatigue	
03.415	应力循环	stress cycle	
03.416	应变循环	strain cycle	
03.417	应力比	stress ratio	
03.418	安全寿命	safe life	
03.419	过载效应	overloading effect	
03.420	循环硬化	cyclic hardening	
03.421	循环软化	cyclic softening	
03.422	环境效应	environmental effect	
03.423	裂纹片	crack gage	
03.424	裂纹扩展	crack growth, crack propagation	
03.425	裂纹萌生	crack initiation	
03.426	循环比	cycle ratio	
03.427	实验应力分析	experimental stress analysis	
03.428	工作[应变]片	active [strain] gage	
03.429	基底材料	backing material	
03.430	应力计	stress gage	
03.431	零[点]漂移	zero shift, zero drift	
03.432	应变测量	strain measurement	
03.433	应变计	strain gage	又称"应变片"。
03.434	应变指示器	strain indicator	
03.435	应变花	strain rosette	
03.436	应变灵敏度	strain sensitivity	
03.437	机械式应变仪	mechanical strain gage	
03.438	直角应变花	rectangular rosette	
03.439	引伸仪	extensometer	
03.440	应变遥测	telemetering of strain	
03.441	横向灵敏系数	transverse gage factor	
03.442	横向灵敏度	transverse sensitivity	
03.443	焊接式应变计	weldable strain gage	
03.444	平衡电桥	balanced bridge	
03.445	粘贴式应变计	bonded strain gage	

序 码	汉 文 名	英 文 名	注 释
03.446	粘贴箔式应变计	bonded foiled gage	
03.447	粘贴丝式应变计	bonded wire gage	
03.448	桥路平衡	bridge balancing	
03.449	电容应变计	capacitance strain gage	
03.450	补偿片	compensating gage	
03.451	补偿技术	compensation technique	
03.452	基准电桥	reference bridge	
03.453	电阻应变计	resistance strain gage	
03.454	温度自补偿应变计	self-temperature compensating gage	
03.455	半导体应变计	semiconductor strain gage	
03.456	集流器	slip ring	又称"滑环"。
03.457	应变放大器	strain amplifier	
03.458	疲劳寿命计	fatigue life gage	
03.459	电感应变计	inductance [strain] gage	
03.460	光[测]力学	photomechanics	
03.461	光弹性	photoelasticity	
03.462	光塑性	photoplasticity	
03.463	杨氏条纹	Young fringe	
03.464	双折射效应	birefrigent effect	
03.465	等位移线	contour of equal displacement	
03.466	暗条纹	dark fringe	
03.467	条纹倍增	fringe multiplication	
03.468	干涉条纹	interference fringe	
03.469	等差线	isochromatic	又称"等色线"。
03.470	等倾线	isoclinic	
03.471	等和线	isopachic	又称"等厚线"。
03.472	应力光学定律	stress-optic law	
03.473	主应力迹线	isostatic	
03.474	亮条纹	light fringe	
03.475	光程差	optical path difference	
03.476	热光弹性	photo-thermo-elasticity	
03.477	光弹性贴片法	photoelastic coating method	
03.478	光弹性夹片法	photoelastic sandwich method	
03.479	动态光弹性	dynamic photo-elasticity	
03.480	空间滤波	spatial filtering	
03.481	空间频率	spatial frequency	

序 码	汉 文 名	英 文 名	注 释
03.482	起偏镜	polarizer	
03.483	反射式光弹性仪	reflection polariscope	
03.484	残余双折射效应	residual birefringent effect	
03.485	应变条纹值	strain fringe value	
03.486	应变光学灵敏度	strain-optic sensitivity	
03.487	应力冻结效应	stress freezing effect	
03.488	应力条纹值	stress fringe value	
03.489	应力光图	stress-optic pattern	
03.490	暂时双折射效应	temporary birefringent effect	
03.491	脉冲全息法	pulsed holography	
03.492	透射式光弹性仪	transmission polariscope	
03.493	实时全息干涉法	real-time holographic interfero-metry	
03.494	网格法	grid method	
03.495	全息光弹性法	holo-photoelasticity	
03.496	全息图	hologram	
03.497	全息照相	holograph	
03.498	全息干涉法	holographic interferometry	
03.499	全息云纹法	holographic moiré technique	
03.500	全息术	holography	
03.501	全场分析法	whole-field analysis	
03.502	散斑干涉法	speckle interferometry	
03.503	散斑	speckle	
03.504	错位散斑干涉法	speckle-shearing interferometry, shearography	
03.505	散斑图	specklegram	
03.506	白光散斑法	white-light speckle method	
03.507	云纹干涉法	moiré interferometry	
03.508	[叠栅]云纹	moiré fringe	物理学称"叠栅条纹"。
03.509	[叠栅]云纹法	moiré method	
03.510	云纹图	moiré pattern	
03.511	离面云纹法	off-plane moiré method	
03.512	参考栅	reference grating	
03.513	试件栅	specimen grating	
03.514	分析栅	analyzer grating	
03.515	面内云纹法	in-plane moiré method	

序　码	汉　文　名	英　文　名	注　　释
03.516	脆性涂层法	brittle-coating method	
03.517	条带法	strip coating method	
03.518	坐标变换	transformation of coordinates	
03.519	计算结构力学	computational structural mecha-nics	
03.520	加权残量法	weighted residual method	又称"加权残值法"。
03.521	有限差分法	finite difference method	
03.522	有限[单]元法	finite element method	
03.523	配点法	point collocation	
03.524	里茨法	Ritz method	
03.525	广义变分原理	generalized variational principle	
03.526	最小二乘法	least square method	
03.527	胡[海昌]-鹫津原理	Hu-Washizu principle	
03.528	赫林格-赖斯纳原理	Hellinger-Reissner principle	
03.529	修正变分原理	modified variational principle	
03.530	约束变分原理	constrained variational principle	
03.531	混合法	mixed method	
03.532	杂交法	hybrid method	
03.533	边界解法	boundary solution method	
03.534	有限条法	finite strip method	
03.535	半解析法	semi-analytical method	
03.536	协调元	conforming element	
03.537	非协调元	non-conforming element	
03.538	混合元	mixed element	
03.539	杂交元	hybrid element	
03.540	边界元	boundary element	
03.541	强迫边界条件	forced boundary condition	
03.542	自然边界条件	natural boundary condition	
03.543	离散化	discretization	
03.544	离散系统	discrete system	
03.545	C^0 连续问题	C^0-continuous problem	
03.546	C^1 连续问题	C^1-continuous problem	
03.547	广义位移	generalized displacement	
03.548	广义载荷	generalized load	
03.549	广义应变	generalized strain	

序 码	汉 文 名	英 文 名	注 释
03.550	广义应力	generalized stress	
03.551	界面变量	interface variable	
03.552	节点	node, nodal point	
03.553	[单]元	element	
03.554	角节点	corner node	
03.555	边节点	mid-side node	
03.556	内节点	internal node	
03.557	无节点变量	nodeless variable	
03.558	杆元	bar element	
03.559	桁架杆元	truss element	
03.560	梁元	beam element	
03.561	二维元	two-dimensional element	
03.562	一维元	one-dimensional element	
03.563	三维元	three-dimensional element	
03.564	轴对称元	axisymmetric element	
03.565	板元	plate element	
03.566	壳元	shell element	
03.567	厚板元	thick plate element	
03.568	三角形元	triangular element	
03.569	四边形元	quadrilateral element	
03.570	四面体元	tetrahedral element	
03.571	六面体元	hexahedral element	
03.572	曲线元	curved element	
03.573	二次元	quadratic element	
03.574	线性元	linear element	
03.575	三次元	cubic element	
03.576	四次元	quartic element	
03.577	等参[数]元	isoparametric element	
03.578	超参数元	super-parametric element	
03.579	亚参数元	sub-parametric element	
03.580	节点数可变元	variable-number-node element	
03.581	拉格朗日元	Lagrange element	
03.582	拉格朗日族	Lagrange family	
03.583	巧凑边点元	serendipity element	
03.584	巧凑边点族	serendipity family	
03.585	无限元	infinite element	
03.586	单元分析	element analysis	

序 码	汉 文 名	英 文 名	注 释
03.587	单元特性	element characteristics	
03.588	刚度矩阵	stiffness matrix	
03.589	几何矩阵	geometric matrix	
03.590	等效节点力	equivalent nodal force	
03.591	节点位移	nodal displacement	
03.592	节点载荷	nodal load	
03.593	位移矢量	displacement vector	
03.594	载荷矢量	load vector	
03.595	质量矩阵	mass matrix	
03.596	集总质量矩阵	lumped mass matrix	
03.597	相容质量矩阵	consistent mass matrix	
03.598	阻尼矩阵	damping matrix	
03.599	瑞利阻尼	Rayleigh damping	
03.600	刚度矩阵的组集	assembly of stiffness matrices	
03.601	载荷矢量的组集	assembly of load vectors	
03.602	质量矩阵的组集	assembly of mass matrices	
03.603	单元的组集	assembly of elements	
03.604	局部坐标系	local coordinate system	
03.605	局部坐标	local coordinate	
03.606	面积坐标	area coordinates	
03.607	体积坐标	volume coordinates	
03.608	曲线坐标	curvilinear coordinates	
03.609	静凝聚	static condensation	
03.610	合同变换	contragradient transformation	
03.611	形状函数	shape function	
03.612	试探函数	trial function	
03.613	检验函数	test function	
03.614	权函数	weight function	
03.615	样条函数	spline function	
03.616	代用函数	substitute function	
03.617	降阶积分	reduced integration	
03.618	零能模式	zero-energy mode	
03.619	p 收敛	p-convergence	
03.620	h 收敛	h-convergence	
03.621	掺混插值	blended interpolation	
03.622	等参数映射	isoparametric mapping	
03.623	双线性插值	bilinear interpolation	

序 码	汉 文 名	英 文 名	注 释
03.624	小块检验	patch test	
03.625	非协调模式	incompatible mode	
03.626	节点号	node number	
03.627	单元号	element number	
03.628	带宽	band width	
03.629	带状矩阵	banded matrix	
03.630	变带宽矩阵	profile matrix	
03.631	带宽最小化	minimization of band width	
03.632	波前法	frontal method	
03.633	子空间迭代法	subspace iteration method	
03.634	行列式搜索法	determinant search method	
03.635	逐步法	step-by-step method	
03.636	纽马克 β 法	Newmark β-method	
03.637	威尔逊 θ 法	Wilson θ-method	
03.638	拟牛顿法	quasi-Newton method	
03.639	牛顿-拉弗森法	Newton-Raphson method	
03.640	增量法	incremental method	
03.641	初应变	initial strain	
03.642	初应力	initial stress	
03.643	切线刚度矩阵	tangent stiffness matrix	
03.644	割线刚度矩阵	secant stiffness matrix	
03.645	模态叠加法	mode superposition method	
03.646	平衡迭代	equilibrium iteration	
03.647	子结构	substructure	
03.648	子结构法	substructure technique	
03.649	超单元	super-element	
03.650	网格生成	mesh generation	
03.651	结构分析程序	structural analysis program	
03.652	前处理	pre-processing	
03.653	后处理	post-processing	
03.654	网格细化	mesh refinement	
03.655	应力光顺	stress smoothing	
03.656	组合结构	composite structure	

04. 流 体 力 学

序码	汉文名	英文名	注 释
04.001	流体动力学	fluid dynamics	
04.002	连续介质力学	mechanics of continuous media	
04.003	介质	medium	
04.004	流体质点	fluid particle	
04.005	无粘性流体	nonviscous fluid, inviscid fluid	
04.006	连续介质假设	continuous medium hypothesis	
04.007	流体运动学	fluid kinematics	
04.008	水静力学	hydrostatics	
04.009	液体静力学	hydrostatics	
04.010	支配方程	governing equation	曾用名"控制方程"。
04.011	伯努利方程	Bernoulli equation	
04.012	伯努利定理	Bernoulli theorem	
04.013	毕奥-萨伐尔定律	Biot–Savart law	
04.014	欧拉方程	Euler equation	
04.015	亥姆霍兹定理	Helmholtz theorem	
04.016	开尔文定理	Kelvin theorem	
04.017	涡片	vortex sheet	
04.018	库塔-茹可夫斯基条件	Kutta–Zhoukowski condition	
04.019	布拉休斯解	Blasius solution	
04.020	达朗贝尔佯谬	d'Alembert paradox	
04.021	雷诺数	Reynolds number	
04.022	施特鲁哈尔数	Strouhal number	
04.023	随体导数	material derivative	又称"物质导数"。
04.024	不可压缩流体	incompressible fluid	
04.025	质量守恒	conservation of mass	
04.026	动量守恒	conservation of momentum	
04.027	能量守恒	conservation of energy	
04.028	动量方程	momentum equation	
04.029	能量方程	energy equation	
04.030	控制体积	control volume	
04.031	液体静压	hydrostatic pressure	
04.032	涡量拟能	enstrophy	

序 码	汉 文 名	英 文 名	注 释
04.033	压差	differential pressure	
04.034	流[动]	flow	
04.035	流线	stream line	
04.036	流面	stream surface	
04.037	流管	stream tube	
04.038	迹线	path, path line	
04.039	流场	flow field	
04.040	流态	flow regime	
04.041	流动参量	flow parameter	
04.042	流量	flow rate, flow discharge	
04.043	涡旋	vortex	
04.044	涡量	vorticity	
04.045	涡丝	vortex filament	
04.046	涡线	vortex line	
04.047	涡面	vortex surface	
04.048	涡层	vortex layer	
04.049	涡环	vortex ring	
04.050	涡对	vortex pair	
04.051	涡管	vortex tube	
04.052	涡街	vortex street	
04.053	卡门涡街	Karman vortex street	
04.054	马蹄涡	horseshoe vortex	
04.055	对流涡胞	convective cell	
04.056	卷筒涡胞	roll cell	
04.057	涡	eddy	
04.058	涡粘性	eddy viscosity	
04.059	环流	circulation	
04.060	环量	circulation	
04.061	速度环量	velocity circulation	
04.062	偶极子	doublet, dipole	
04.063	驻点	stagnation point	
04.064	总压[力]	total pressure	
04.065	总压头	total head	
04.066	静压头	static head	
04.067	总焓	total enthalpy	
04.068	能量输运	energy transport	
04.069	速度剖面	velocity profile	又称"速度型"。

序 码	汉 文 名	英 文 名	注 释
04.070	库埃特流	Couette flow	
04.071	单相流	single phase flow	
04.072	单组份流	single-component flow	
04.073	均匀流	uniform flow	
04.074	非均匀流	nonuniform flow	
04.075	二维流	two-dimensional flow	
04.076	三维流	three-dimensional flow	
04.077	准定常流	quasi-steady flow	
04.078	非定常流	unsteady flow, non-steady flow	
04.079	暂态流	transient flow	
04.080	周期流	periodic flow	
04.081	振荡流	oscillatory flow	
04.082	分层流	stratified flow	用于单相流体。
04.083	无旋流	irrotational flow	
04.084	有旋流	rotational flow	
04.085	轴对称流	axisymmetric flow	
04.086	不可压缩性	incompressibility	
04.087	不可压缩流[动]	incompressible flow	
04.088	浮体	floating body	
04.089	定倾中心	metacenter	
04.090	阻力	drag, resistance	
04.091	减阻	drag reduction	
04.092	表面力	surface force	
04.093	表面张力	surface tension	
04.094	毛细[管]作用	capillarity	
04.095	来流	incoming flow	
04.096	自由流	free stream	
04.097	自由流线	free stream linc	
04.098	外流	external flow	
04.099	进口	entrance, inlet	
04.100	出口	exit, outlet	
04.101	扰动	disturbance, perturbation	
04.102	分布	distribution	
04.103	传播	propagation	
04.104	色散	dispersion	
04.105	弥散	dispersion	
04.106	附加质量	added mass, associated mass	

序码	汉文名	英文名	注释
04.107	收缩	contraction	
04.108	镜象法	image method	
04.109	无量纲参数	dimensionless parameter	
04.110	几何相似	geometric similarity	
04.111	运动相似	kinematic similarity	
04.112	动力相似[性]	dynamic similarity	
04.113	平面流	plane flow	
04.114	势	potential	
04.115	势流	potential flow	
04.116	速度势	velocity potential	
04.117	复势	complex potential	
04.118	复速度	complex velocity	
04.119	流函数	stream function	
04.120	源	source	
04.121	汇	sink	
04.122	速度[水]头	velocity head	
04.123	拐角流	corner flow	
04.124	空泡流	cavity flow	曾用名"空腔流"。
04.125	超空泡	supercavity	
04.126	超空泡流	supercavity flow	
04.127	空气动力学	aerodynamics	
04.128	低速空气动力学	low-speed aerodynamics	
04.129	高速空气动力学	high-speed aerodynamics	
04.130	气动热力学	aerothermodynamics	
04.131	亚声速流[动]	subsonic flow	又称"亚音速流[动]"。
04.132	跨声速流[动]	transonic flow	又称"跨音速流[动]"。
04.133	超声速流[动]	supersonic flow	又称"超音速流[动]"。
04.134	高超声速流[动]	hypersonic flow	又称"高超音速流[动]"。
04.135	锥形流	conical flow	
04.136	楔流	wedge flow	
04.137	叶栅流	cascade flow	
04.138	非平衡流[动]	non-equilibrium flow	
04.139	细长体	slender body	
04.140	细长度	slenderness	
04.141	钝头体	bluff body	
04.142	钝体	blunt body	
04.143	翼型	airfoil	

序 码	汉 文 名	英 文 名	注 释
04.144	翼弦	chord	
04.145	薄翼理论	thin-airfoil theory	
04.146	构型	configuration	
04.147	后缘	trailing edge	
04.148	迎角	angle of attack	又称"攻角"。
04.149	失速	stall	
04.150	脱体激波	detached shock wave	
04.151	波阻	wave drag	
04.152	诱导阻力	induced drag	
04.153	诱导速度	induced velocity	
04.154	临界雷诺数	critical Reynolds number	
04.155	前缘涡	leading edge vortex	
04.156	附着涡	bound vortex	
04.157	约束涡	confined vortex	
04.158	气动中心	aerodynamic center	
04.159	气动力	aerodynamic force	
04.160	气动噪声	aerodynamic noise	
04.161	气动加热	aerodynamic heating	
04.162	离解	dissociation	
04.163	地面效应	ground effect	
04.164	气体动力学	gas dynamics	
04.165	稀疏波	rarefaction wave	
04.166	热状态方程	thermal equation of state	
04.167	喷管	nozzle	
04.168	普朗特-迈耶流	Prandtl-Meyer flow	绕外钝角膨胀加速的二维等熵超声速流。
04.169	瑞利流	Rayleigh flow	
04.170	可压缩流[动]	compressible flow	
04.171	可压缩流体	compressible fluid	
04.172	绝热流	adiabatic flow	
04.173	非绝热流	diabatic flow	
04.174	未扰动流	undisturbed flow	
04.175	等熵流	isentropic flow	
04.176	匀熵流	homoentropic flow	
04.177	兰金-于戈尼奥条件	Rankine-Hugoniot condition	
04.178	状态方程	equation of state	

序 码	汉 文 名	英 文 名	注 释
04.179	量热状态方程	caloric equation of state	
04.180	完全气体	perfect gas	
04.181	拉瓦尔喷管	Laval nozzle	
04.182	马赫角	Mach angle	
04.183	马赫锥	Mach cone	
04.184	马赫线	Mach line	
04.185	马赫数	Mach number	
04.186	马赫波	Mach wave	
04.187	当地马赫数	local Mach number	
04.188	冲击波	shock wave	
04.189	激波	shock wave	
04.190	正激波	normal shock wave	
04.191	斜激波	oblique shock wave	
04.192	头波	bow wave	
04.193	附体激波	attached shock wave	
04.194	激波阵面	shock front	
04.195	激波层	shock layer	
04.196	压缩波	compression wave	
04.197	反射	reflection	
04.198	折射	refraction	
04.199	散射	scattering	
04.200	衍射	diffraction	
04.201	绕射	diffraction	
04.202	出口压力	exit pressure	
04.203	超压[强]	over pressure	
04.204	反压	back pressure	
04.205	爆炸	explosion	
04.206	爆轰	detonation	又称"爆震"。
04.207	缓燃	deflagration	
04.208	水动力学	hydrodynamics	
04.209	液体动力学	hydrodynamics	
04.210	泰勒不稳定性	Taylor instability	
04.211	盖斯特纳波	Gerstner wave	
04.212	斯托克斯波	Stokes wave	
04.213	瑞利数	Rayleigh number	
04.214	自由面	free surface	
04.215	波速	wave speed, wave velocity	

序 码	汉 文 名	英 文 名	注 释
04.216	波高	wave height	
04.217	波列	wave train	
04.218	波群	wave group	
04.219	波能	wave energy	
04.220	表面波	surface wave	
04.221	表面张力波	capillary wave	
04.222	规则波	regular wave	
04.223	不规则波	irregular wave	
04.224	浅水波	shallow water wave	
04.225	深水波	deep water wave	
04.226	重力波	gravity wave	
04.227	椭圆余弦波	cnoidal wave	
04.228	潮波	tidal wave	
04.229	涌波	surge wave	
04.230	破碎波	breaking wave	
04.231	船波	ship wave	
04.232	非线性波	nonlinear wave	
04.233	孤立子	soliton	
04.234	水动[力]噪声	hydrodynamic noise	
04.235	水击	water hammer	曾用名"水锤"。
04.236	空化	cavitation	
04.237	空化数	cavitation number	
04.238	空蚀	cavitation damage	曾用名"气蚀"。
04.239	超空化流	supercavitating flow	
04.240	水翼	hydrofoil	
04.241	水力学	hydraulics	
04.242	洪水波	flood wave	
04.243	涟漪	ripple	
04.244	消能	energy dissipation	
04.245	海洋水动力学	marine hydrodynamics	
04.246	谢齐公式	Chézy formula	
04.247	欧拉数	Euler number	
04.248	弗劳德数	Froude number	
04.249	水力半径	hydraulic radius	
04.250	水力坡度	hydraulic slope	
04.251	高度水头	elevating head	又称"位置水头"。
04.252	水头损失	head loss	

序码	汉文名	英文名	注释
04.253	水位	water level	
04.254	水跃	hydraulic jump	
04.255	含水层	aquifer	
04.256	排水	drainage	
04.257	排放量	discharge	
04.258	壅水曲线	back water curve	
04.259	压[强水]头	pressure head	
04.260	过水断面	flow cross-section	
04.261	明槽流	open channel flow	
04.262	孔流	orifice flow	
04.263	无压流	free surface flow	
04.264	有压流	pressure flow	
04.265	缓流	subcritical flow	流速小于临界值的流动。
04.266	急流	supercritical flow	流速大于临界值的流动。
04.267	渐变流	gradually varied flow	
04.268	急变流	rapidly varied flow	
04.269	临界流	critical flow	
04.270	异重流	density current, gravity flow	
04.271	堰流	weir flow	
04.272	掺气流	aerated flow	
04.273	含沙流	sediment -laden stream	
04.274	降水曲线	dropdown curve	
04.275	沉积物	sediment, deposit	
04.276	沉[降堆]积	sedimentation, deposition	
04.277	沉降速度	settling velocity	
04.278	流动稳定性	flow stability	
04.279	不稳定性	instability	
04.280	奥尔-索末菲方程	Orr-Sommerfeld equation	
04.281	涡量方程	vorticity equation	
04.282	泊肃叶流	Poiseuille flow	
04.283	奥辛流	Oseen flow	
04.284	剪切流	shear flow	
04.285	粘性流[动]	viscous flow	
04.286	层流	laminar flow	

序 码	汉 文 名	英 文 名	注 释
04.287	分离流	separated flow	
04.288	二次流	secondary flow	
04.289	近场流	near field flow	
04.290	远场流	far field flow	
04.291	滞止流	stagnation flow	
04.292	尾流	wake [flow]	
04.293	回流	back flow	
04.294	反流	reverse flow	
04.295	射流	jet	
04.296	自由射流	free jet	
04.297	管流	pipe flow, tube flow	
04.298	内流	internal flow	
04.299	拟序结构	coherent structure	曾用名"相干结构"。
04.300	猝发过程	bursting process	
04.301	表观粘度	apparent viscosity	
04.302	运动粘性	kinematic viscosity	
04.303	动力粘性	dynamic viscosity	
04.304	泊	poise	
04.305	厘泊	centipoise	
04.306	厘沱	centistoke	
04.307	剪切层	shear layer	
04.308	次层	sublayer	
04.309	流动分离	flow separation	
04.310	层流分离	laminar separation	
04.311	湍流分离	turbulent separation	
04.312	分离点	separation point	
04.313	附着点	attachment point	
04.314	再附	reattachment	
04.315	再层流化	relaminarization	
04.316	起动涡	starting vortex	
04.317	驻涡	standing vortex	
04.318	涡旋破碎	vortex breakdown	
04.319	涡旋脱落	vortex shedding	
04.320	压[力]降	pressure drop	
04.321	压差阻力	pressure drag	
04.322	压力能	pressure energy	
04.323	型阻	profile drag	

序 码	汉 文 名	英 文 名	注 释
04.324	滑移速度	slip velocity	
04.325	无滑移条件	non—slip condition	
04.326	壁剪应力	skin friction, frictional drag	
04.327	壁剪切速度	friction velocity	又称"摩擦速度"。
04.328	摩擦损失	friction loss	
04.329	摩擦因子	friction factor	
04.330	耗散	dissipation	
04.331	滞后	lag	
04.332	相似性解	similar solution	
04.333	局域相似	local similarity	
04.334	气体润滑	gas lubrication	
04.335	液体动力润滑	hydrodynamic lubrication	
04.336	浆体	slurry	
04.337	泰勒数	Taylor number	
04.338	纳维−斯托克斯 方程	Navier—Stokes equation	
04.339	牛顿流体	Newtonian fluid	
04.340	边界层理论	boundary layer theory	
04.341	边界层方程	boundary layer equation	
04.342	边界层	boundary layer	
04.343	附面层	boundary layer	
04.344	层流边界层	laminar boundary layer	
04.345	湍流边界层	turbulent boundary layer	
04.346	温度边界层	thermal boundary layer	
04.347	边界层转捩	boundary layer transition	
04.348	边界层分离	boundary layer separation	
04.349	边界层厚度	boundary layer thickness	
04.350	位移厚度	displacement thickness	
04.351	动量厚度	momentum thickness	
04.352	能量厚度	energy thickness	
04.353	焓厚度	enthalpy thickness	
04.354	注入	injection	
04.355	吸出	suction	
04.356	泰勒涡	Taylor vortex	
04.357	速度亏损律	velocity defect law	
04.358	形状因子	shape factor	
04.359	测速法	anemometry	

序　码	汉　文　名	英　文　名	注　释
04.360	粘度测定法	visco[si]metry	
04.361	流动显示	flow visualization	
04.362	油烟显示	oil smoke visualization	
04.363	孔板流量计	orifice meter	
04.364	频率响应	frequency response	
04.365	油膜显示	oil film visualization	
04.366	阴影法	shadow method	
04.367	纹影法	schlieren method	
04.368	烟丝法	smoke wire method	
04.369	丝线法	tuft method	
04.370	氢泡法	hydrogen bubble method	
04.371	相似理论	similarity theory	
04.372	相似律	similarity law	
04.373	部分相似	partial similarity	
04.374	π 定理	pi theorem, Buckingham theorem	
04.375	静[态]校准	static calibration	
04.376	动态校准	dynamic calibration	
04.377	风洞	wind tunnel	
04.378	激波管	shock tube	
04.379	激波管风洞	shock tube wind tunnel	
04.380	水洞	water tunnel	
04.381	拖曳水池	towing tank	
04.382	旋臂水池	rotating arm basin	
04.383	扩散段	diffuser	
04.384	测压孔	pressure tap	
04.385	皮托管	Pitot tube	
04.386	普雷斯顿管	Preston tube	
04.387	斯坦顿管	Stanton tube	
04.388	文丘里管	Venturi tube	
04.389	U 形管	U-tube	
04.390	压强计	manometer	
04.391	微压计	micromanometer	
04.392	压强表	pressure gage	
04.393	多管压强计	multiple manometer	
04.394	静压管	static [pressure] tube	
04.395	流速计	anemometer	
04.396	风速管	Pitot-static tube	

序 码	汉 文 名	英 文 名	注 释
04.397	激光多普勒测速计	laser Doppler anemometer, laser Doppler velocimeter	
04.398	热线流速计	hot-wire anemometer	
04.399	热膜流速计	hot-film anemometer	
04.400	流量计	flow meter	
04.401	粘度计	visco[si]meter	
04.402	涡量计	vorticity meter	
04.403	传感器	transducer, sensor	
04.404	压强传感器	pressure transducer	
04.405	热敏电阻	thermistor	
04.406	示踪物	tracer	
04.407	时间线	time line	
04.408	脉线	streak line	曾用名"染色线"，"条纹线"。
04.409	尺度效应	scale effect	
04.410	壁效应	wall effect	
04.411	堵塞	blockage	
04.412	堵塞效应	blockage effect	
04.413	动态响应	dynamic response	
04.414	响应频率	response frequency	
04.415	底压	base pressure	
04.416	菲克定律	Fick law	
04.417	巴塞特力	Basset force	
04.418	埃克特数	Eckert number	
04.419	格拉斯霍夫数	Grashof number	
04.420	努塞特数	Nusselt number	
04.421	普朗特数	Prandtl number	
04.422	雷诺比拟	Reynolds analogy	
04.423	施密特数	Schmidt number	
04.424	斯坦顿数	Stanton number	
04.425	对流	convection	
04.426	自由对流	natural convection, free convection	
04.427	强迫对流	forced convection	
04.428	热对流	heat convection	
04.429	质量传递	mass transfer	简称"传质"。
04.430	传质系数	mass transfer coefficient	

序 码	汉文名	英 文 名	注 释
04.431	热量传递	heat transfer	简称"传热"。
04.432	传热系数	heat transfer coefficient	
04.433	对流传热	convective heat transfer	
04.434	辐射传热	radiative heat transfer	
04.435	动量交换	momentum transfer	
04.436	能量传递	energy transfer	
04.437	传导	conduction	
04.438	热传导	conductive heat transfer	
04.439	热交换	heat exchange	
04.440	临界热通量	critical heat flux	
04.441	浓度	concentration	
04.442	扩散	diffusion	
04.443	扩散性	diffusivity	
04.444	扩散率	diffusivity	
04.445	扩散速度	diffusion velocity	
04.446	分子扩散	molecular diffusion	
04.447	沸腾	boiling	
04.448	蒸发	evaporation	
04.449	气化	gasification	
04.450	凝结	condensation	
04.451	成核	nucleation	
04.452	计算流体力学	computational fluid mechanics	
04.453	多重尺度问题	multiple scale problem	
04.454	伯格斯方程	Burgers equation	
04.455	对流扩散方程	convection diffusion equation	
04.456	KdV 方程	KdV equation	
04.457	修正微分方程	modified differential equation	
04.458	拉克斯等价定理	Lax equivalence theorem	
04.459	数值模拟	numerical simulation	
04.460	大涡模拟	large eddy simulation	
04.461	数值粘性	numerical viscosity	
04.462	非线性不稳定性	nonlinear instability	
04.463	希尔特稳定性分析	Hirt stability analysis	
04.464	相容条件	consistency condition	
04.465	CFL 条件	Courant-Friedrichs-Lewy condition, CFL condition	

序 码	汉文名	英 文 名	注 释
04.466	狄里克雷边界条件	Dirichlet boundary condition	
04.467	熵条件	entropy condition	
04.468	远场边界条件	far field boundary condition	
04.469	流入边界条件	inflow boundary condition	
04.470	无反射边界条件	nonreflecting boundary condition	
04.471	数值边界条件	numerical boundary condition	
04.472	流出边界条件	outflow boundary condition	
04.473	冯·诺伊曼条件	von Neumann condition	
04.474	近似因子分解法	approximate factorization method	
04.475	人工压缩	artificial compression	
04.476	人工粘性	artificial viscosity	
04.477	边界元法	boundary element method	
04.478	配置方法	collocation method	
04.479	能量法	energy method	
04.480	有限体积法	finite volume method	
04.481	流体网格法	fluid in cell method, FLIC method	
04.482	通量校正传输法	flux-corrected transport method	
04.483	通量矢量分解法	flux vector splitting method	
04.484	伽辽金法	Galerkin method	
04.485	积分方法	integral method	
04.486	标记网格法	marker and cell method, MAC method	
04.487	特征线法	method of characteristics	
04.488	直线法	method of lines	
04.489	矩量法	moment method	
04.490	多重网格法	multi-grid method	
04.491	板块法	panel method	
04.492	质点网格法	particle in cell method, PIC method	
04.493	质点法	particle method	
04.494	预估校正法	predictor-corrector method	
04.495	投影法	projection method	
04.496	准谱法	pseudo-spectral method	
04.497	随机选取法	random choice method	
04.498	激波捕捉法	shock-capturing method	
04.499	激波拟合法	shock-fitting method	

序 码	汉 文 名	英 文 名	注 释
04.500	谱方法	spectral method	
04.501	稀疏矩阵分解法	split coefficient matrix method	
04.502	不定常法	time-dependent method	又称"时间相关法"。
04.503	时间分步法	time splitting method	
04.504	变分法	variational method	
04.505	涡方法	vortex method	
04.506	隐格式	implicit scheme	
04.507	显格式	explicit scheme	
04.508	交替方向隐格式	alternating direction implicit scheme, ADI scheme	
04.509	反扩散差分格式	anti-diffusion difference scheme	
04.510	紧差分格式	compact difference scheme	
04.511	守恒差分格式	conservation difference scheme	
04.512	克兰克-尼科尔森格式	Crank-Nicolson scheme	
04.513	杜福特-弗兰克尔格式	Dufort-Frankel scheme	
04.514	指数格式	exponential scheme	
04.515	戈杜诺夫格式	Godunov scheme	
04.516	高分辨率格式	high resolution scheme	
04.517	拉克斯-温德罗夫格式	Lax-Wendroff scheme	
04.518	蛙跳格式	leap-frog scheme	
04.519	单调差分格式	monotone difference scheme	
04.520	保单调差分格式	monotonicity preserving difference scheme	
04.521	穆曼-科尔格式	Murman-Cole scheme	
04.522	半隐格式	semi-implicit scheme	
04.523	斜迎风格式	skew-upstream scheme	
04.524	全变差下降格式	total variation decreasing scheme, TVD scheme	
04.525	迎风格式	upstream scheme, upwind scheme	
04.526	计算区域	computational domain	
04.527	物理区域	physical domain	指实际区域。
04.528	影响域	domain of influence	
04.529	依赖域	domain of dependence	
04.530	区域分解	domain decomposition	

序码	汉文名	英文名	注释
04.531	维数分解	dimensional split	
04.532	物理解	physical solution	指真实解。
04.533	弱解	weak solution	
04.534	黎曼解算子	Riemann solver	
04.535	守恒型	conservation form	
04.536	弱守恒型	weak conservation form	
04.537	强守恒型	strong conservation form	
04.538	散度型	divergence form	
04.539	贴体曲线坐标	body-fitted curvilinear coordinates	
04.540	[自]适应网格	[self-]adaptive mesh	
04.541	适应网格生成	adaptive grid generation	
04.542	自动网格生成	automatic grid generation	
04.543	数值网格生成	numerical grid generation	
04.544	交错网格	staggered mesh	
04.545	网格雷诺数	cell Reynolds number	
04.546	数值扩散	numerical diffusion	
04.547	数值耗散	numerical dissipation	
04.548	数值色散	numerical dispersion	
04.549	数值通量	numerical flux	
04.550	放大因子	amplification factor	
04.551	放大矩阵	amplification matrix	
04.552	阻尼误差	damping error	
04.553	离散涡	discrete vortex	
04.554	熵通量	entropy flux	
04.555	熵函数	entropy function	
04.556	分步法	fractional step method	

05. 综 合 类

序码	汉文名	英文名	注释
05.001	广义连续统力学	generalized continuum mechanics	
05.002	简单物质	simple material	
05.003	纯力学物质	purely mechanical material	
05.004	微分型物质	material of differential type	
05.005	积分型物质	material of integral type	

序 码	汉 文 名	英 文 名	注 释
05.006	混合物组份	constituents of a mixture	
05.007	非协调理论	incompatibility theory	
05.008	微极理论	micropolar theory	
05.009	决定性原理	principle of determinism	
05.010	等存在原理	principle of equipresence	
05.011	局部作用原理	principle of local action	
05.012	客观性原理	principle of objectivity	
05.013	电磁连续统理论	theory of electromagnetic conti-nuum	
05.014	内时理论	endochronic theory	
05.015	非局部理论	nonlocal theory	
05.016	混合物理论	theory of mixtures	
05.017	里夫林-埃里克森张量	Rivlin-Ericksen tensor	
05.018	声张量	acoustic tensor	
05.019	半向同性张量	hemitropic tensor	
05.020	各向同性张量	isotropic tensor	
05.021	应变张量	strain tensor	
05.022	伸缩张量	stretch tensor	
05.023	连续旋错	continuous dislination	
05.024	连续位错	continuous dislocation	
05.025	动量矩平衡	angular momentum balance	
05.026	余本构关系	complementary constitutive rela-tions	
05.027	共旋导数	co-rotational derivative, Jaumann derivative	
05.028	非完整分量	anholonomic component	
05.029	爬升效应	climbing effect	
05.030	协调条件	compatibility condition	
05.031	错综度	complexity	
05.032	当时构形	current configuration	
05.033	能量平衡	energy balance	
05.034	变形梯度	deformation gradient	
05.035	有限弹性	finite elasticity	
05.036	熵增	entropy production	
05.037	标架无差异性	frame indifference	
05.038	弹性势	elastic potential	

序码	汉文名	英文名	注释
05.039	熵不等式	entropy inequality	
05.040	极分解	polar decomposition	
05.041	低弹性	hypoelasticity	
05.042	参考构形	reference configuration	
05.043	响应泛函	response functional	
05.044	动量平衡	momentum balance	
05.045	奇异面	singular surface	
05.046	贮能函数	stored—energy function	
05.047	内部约束	internal constraint	
05.048	物理分量	physical components	
05.049	本原元	primitive element	
05.050	普适变形	universal deformation	
05.051	速度梯度	velocity gradient	
05.052	测粘流动	viscometric flow	
05.053	当地导数	local derivative	
05.054	岩石力学	rock mechanics	
05.055	原始岩体应力	virgin rock stress	
05.056	构造应力	tectonic stress	
05.057	三轴压缩试验	three—axial compression test	
05.058	三轴拉伸试验	three—axial tensile test	
05.059	三轴试验	triaxial test	
05.060	岩层静态应力	lithostatic stress	
05.061	吕荣	lugeon	岩体当量渗透系数的单位。
05.062	地压强	geostatic pressure	
05.063	水力劈裂	hydraulic fracture	
05.064	咬合[作用]	interlocking	
05.065	内禀抗剪强度	intrinsic shear strength	
05.066	循环抗剪强度	cyclic shear strength	
05.067	残余抗剪强度	residual shear strength	
05.068	土力学	soil mechanics	
05.069	孔隙比	void ratio	
05.070	内摩擦角	angle of internal friction	
05.071	休止角	angle of repose	
05.072	孔隙率	porosity	
05.073	围压	ambient pressure	
05.074	渗透系数	coefficient of permeability	

序 码	汉 文 名	英 文 名	注 释
05.075	[抗]剪切角	angle of shear resistance	
05.076	渗流力	seepage force	
05.077	表观粘聚力	apparent cohesion	
05.078	粘聚力	cohesion	
05.079	稠度	consistency	
05.080	固结	consolidation	
05.081	主固结	primary consolidation	
05.082	次固结	secondary consolidation	
05.083	固结仪	consolidometer	
05.084	浮升力	uplift	
05.085	扩容	dilatancy	
05.086	有效应力	effective stress	
05.087	絮凝[作用]	flocculation	
05.088	主动土压力	active earth pressure	
05.089	被动土压力	passive earth pressure	
05.090	土动力学	soil dynamics	
05.091	应力解除	stress relief	
05.092	次时间效应	secondary time effect	
05.093	贯入阻力	penetration resistance	
05.094	沙土液化	liquefaction of sand	
05.095	泥流	mud flow	
05.096	多相流	multiphase flow	
05.097	马格努斯效应	Magnus effect	
05.098	韦伯数	Weber number	
05.099	环状流	annular flow	
05.100	泡状流	bubble flow	
05.101	层状流	stratified flow	用于多相流体。
05.102	平衡流	equilibrium flow	
05.103	二组份流	two-component flow	
05.104	冻结流	frozen flow	
05.105	均质流	homogeneous flow	
05.106	二相流	two-phase flow	
05.107	气-液流	gas-liquid flow	
05.108	气-固流	gas-solid flow	
05.109	液-气流	liquid-gas flow	
05.110	液-固流	liquid-solid flow	
05.111	液体-蒸气流	liquid-vapor flow	

序码	汉文名	英文名	注释
05.112	浓相	dense phase	
05.113	稀相	dilute phase	
05.114	连续相	continuous phase	
05.115	离散相	dispersed phase	
05.116	悬浮	suspension	
05.117	气力输运	pneumatic transport	
05.118	气泡形成	bubble formation	
05.119	体密度	bulk density	
05.120	壅塞	choking	
05.121	微滴	droplet	
05.122	挟带	entrainment	
05.123	流型	flow pattern	
05.124	流[态]化	fluidization	
05.125	界面	interface	
05.126	跃动速度	saltation velocity	
05.127	非牛顿流体力学	non-Newtonian fluid mechanics	
05.128	非牛顿流体	non-Newtonian fluid	
05.129	幂律流体	power law fluid	
05.130	拟塑性流体	pseudoplastic fluid	
05.131	触稠流体	rheopectic fluid	
05.132	触变流体	thixotropic fluid	
05.133	粘弹性流体	viscoelastic fluid	
05.134	流变测量学	rheometry	
05.135	震凝性	rheopexy	
05.136	体[积]粘性	bulk viscosity	
05.137	魏森贝格效应	Weissenberg effect	
05.138	流变仪	rheometer	
05.139	稀薄气体动力学	rarefied gas dynamics	
05.140	物理化学流体力学	physico-chemical hydrodynamics	
05.141	空气热化学	aerothermochemistry	
05.142	绝对压强	absolute pressure	
05.143	绝对反应速率	absolute reaction rate	
05.144	绝对温度	absolute temperature	
05.145	吸收系数	absorption coefficient	
05.146	活化分子	activated molecule	
05.147	活化能	activation energy	

序 码	汉 文 名	英 文 名	注 释
05.148	绝热压缩	adiabatic compression	
05.149	绝热膨胀	adiabatic expansion	
05.150	绝热火焰温度	adiabatic flame temperature	
05.151	电弧风洞	arc tunnel	
05.152	原子热	atomic heat	
05.153	雾化	atomization	
05.154	自燃	auto–ignition	
05.155	自动氧化	auto–oxidation	
05.156	可用能量	available energy	
05.157	缓冲作用	buffer action	
05.158	松密度	bulk density	适用于散体。
05.159	燃烧率	burning rate	
05.160	燃烧速度	burning velocity	
05.161	接触面	contact surface	
05.162	烧蚀	ablation	
05.163	连续过程	continuous process	
05.164	碰撞截面	collision cross section	
05.165	通用气体常数	conventional gas constant	
05.166	燃烧不稳定性	combustion instability	
05.167	稀释度	dilution	
05.168	完全离解	complete dissociation	
05.169	火焰传播	flame propagation	
05.170	组份	constituent	
05.171	碰撞反应速率	collision reaction rate	
05.172	燃烧理论	combustion theory	
05.173	浓度梯度	concentration gradient	
05.174	阴极腐蚀	cathodic corrosion	
05.175	火焰速度	flame speed	
05.176	火焰驻定	flame stabilization	
05.177	火焰结构	flame structure	
05.178	着火	ignition	可燃物开始燃烧。
05.179	湍流火焰	turbulent flame	
05.180	层流火焰	laminar flame	
05.181	燃烧带	burning zone	
05.182	渗流	flow in porous media, seepage	
05.183	达西定律	Darcy law	
05.184	赫尔–肖流	Hele–Shaw flow	

序 码	汉 文 名	英 文 名	注 释
05.185	毛[细]管流	capillary flow	
05.186	过滤	filtration	
05.187	爪进	fingering	又称"指进"。
05.188	不互溶驱替	immiscible displacement	
05.189	不互溶流体	immiscible fluid	
05.190	互溶驱替	miscible displacement	
05.191	互溶流体	miscible fluid	
05.192	迁移率	mobility	
05.193	流度比	mobility ratio	
05.194	渗透率	permeability	
05.195	孔隙度	porosity	
05.196	多孔介质	porous medium	
05.197	比面	specific surface	单位体积所占的表面积。
05.198	迂曲度	tortuosity	
05.199	空隙	void	
05.200	空隙分数	void fraction	
05.201	注水	water flooding	
05.202	可湿性	wettability	
05.203	地球物理流体动力学	geophysical fluid dynamics	
05.204	物理海洋学	physical oceanography	
05.205	大气环流	atmospheric circulation	
05.206	海洋环流	ocean circulation	
05.207	海洋流	ocean current	
05.208	旋转流	rotating flow	
05.209	平流	advection	
05.210	埃克曼流	Ekman flow	
05.211	埃克曼边界层	Ekman boundary layer	
05.212	大气边界层	atmospheric boundary layer	
05.213	大气-海洋相互作用	atmosphere—ocean interaction	
05.214	埃克曼数	Ekman number	
05.215	罗斯贝数	Rossby number	
05.216	罗斯贝波	Rossby wave	
05.217	斜压性	baroclinicity	
05.218	正压性	barotropy	

序 码	汉 文 名	英 文 名	注 释
05.219	内摩擦	internal friction	
05.220	海洋波	ocean wave	
05.221	盐度	salinity	
05.222	环境流体力学	environmental fluid mechanics	
05.223	斯托克斯流	Stokes flow	
05.224	羽流	plume	又称"缕流"。
05.225	理查森数	Richardson number	
05.226	污染源	pollutant source	
05.227	污染物扩散	pollutant diffusion	
05.228	噪声	noise	
05.229	噪声级	noise level	
05.230	噪声污染	noise pollution	
05.231	排放物	effulent	
05.232	工业流体力学	industrical fluid mechanics	
05.233	流控技术	fluidics	曾用名"射流技术"。
05.234	轴向流	axial flow	
05.235	并向流	co-current flow	
05.236	对向流	counter current flow	
05.237	横向流	cross flow	
05.238	螺旋流	spiral flow	
05.239	旋拧流	swirling flow	
05.240	滞后流	after flow	
05.241	混合层	mixing layer	
05.242	抖振	buffeting	
05.243	风压	wind pressure	
05.244	附壁效应	wall attachment effect, Coanda effect	
05.245	简约频率	reduced frequency	
05.246	爆炸力学	mechanics of explosion	
05.247	终点弹道学	terminal ballistics	
05.248	动态超高压技术	dynamic ultrahigh pressure technique	
05.249	流体弹塑性体	hydro-elastoplastic medium	
05.250	热塑不稳定性	thermoplastic instability	
05.251	空中爆炸	explosion in air	
05.252	地下爆炸	underground explosion	
05.253	水下爆炸	underwater explosion	

序 码	汉 文 名	英 文 名	注 释
05.254	电爆炸	discharge-induced explosion	放电引起的爆炸。
05.255	激光爆炸	laser-induced explosion	激光引起的爆炸。
05.256	核爆炸	nuclear explosion	
05.257	点爆炸	point-source explosion	
05.258	殉爆	sympathatic detonation	一个炸药包激发附近其他炸药包的爆轰。
05.259	强爆炸	intense explosion	
05.260	粒子束爆炸	explosion by beam radiation	粒子束引起的爆炸。
05.261	聚爆	implosion	即汇聚爆炸。
05.262	起爆	initiation of explosion	
05.263	爆破	blasting	
05.264	霍普金森杆	Hopkinson bar	
05.265	电炮	electric gun	
05.266	电磁炮	electromagnetic gun	
05.267	爆炸洞	explosion chamber	
05.268	轻气炮	light gas gun	
05.269	马赫反射	Mach reflection	
05.270	基浪	base surge	
05.271	成坑	cratering	
05.272	能量沉积	energy deposition	
05.273	爆心	explosion center	
05.274	爆炸当量	explosion equivalent	
05.275	火球	fire ball	
05.276	爆高	height of burst	
05.277	蘑菇云	mushroom	
05.278	侵彻	penetration	
05.279	规则反射	regular reflection	
05.280	崩落	spallation	
05.281	应变率史	strain rate history	
05.282	流变学	rheology	
05.283	聚合物减阻	drag reduction by polymers	
05.284	挤出[物]胀大	extrusion swell, die swell	曾用名"口模胀大"。
05.285	无管虹吸	tubeless siphon	
05.286	剪胀效应	dilatancy effect	
05.287	孔压[误差]效应	hole-pressure [error] effect	
05.288	剪切致稠	shear thickening	
05.289	剪切致稀	shear thinning	

序 码	汉 文 名	英 文 名	注 释
05.290	触变性	thixotropy	
05.291	反触变性	anti−thixotropy	
05.292	超塑性	superplasticity	
05.293	粘弹塑性材料	viscoelasto−plastic material	
05.294	滞弹性材料	anelastic material	
05.295	本构关系	constitutive relation	
05.296	麦克斯韦模型	Maxwell model	
05.297	沃伊特−开尔文模型	Voigt−Kelvin model	
05.298	宾厄姆模型	Bingham model	
05.299	奥伊洛特模型	Oldroyd model	
05.300	幂律模型	power law model	
05.301	应力松弛	stress relaxation	
05.302	应变史	strain history	
05.303	应力史	stress history	
05.304	记忆函数	memory function	
05.305	衰退记忆	fading memory	
05.306	应力增长	stress growing	
05.307	粘度函数	viscosity function	
05.308	相对粘度	relative viscosity	
05.309	复态粘度	complex viscosity	
05.310	拉伸粘度	elongational viscosity	
05.311	拉伸流动	elongational flow	
05.312	第一法向应力差	first normal−stress difference	
05.313	第二法向应力差	second normal−stress difference	
05.314	德博拉数	Deborah number	
05.315	魏森贝格数	Weissenberg number	
05.316	动态模量	dynamic modulus	
05.317	振荡剪切流	oscillatory shear flow	
05.318	宇宙气体动力学	cosmic gas dynamics	
05.319	等离[子]体动力学	plasma dynamics	
05.320	电离气体	ionized gas	
05.321	行星边界层	planetary boundary layer	
05.322	阿尔文波	Alfvén wave	
05.323	泊肃叶−哈特曼流	Poiseuille−Hartman flow	

序 码	汉 文 名	英 文 名	注 释
05.324	哈特曼数	Hartman number	
05.325	生物流变学	biorheology	
05.326	生物流体	biofluid	
05.327	生物屈服点	bioyield point	
05.328	生物屈服应力	bioyield stress	
05.329	电气体力学	electro-gas dynamics	
05.330	铁流体力学	ferro-hydrodynamics	
05.331	血液流变学	hemorheology, blood rheology	
05.332	血液动力学	hemodynamics	
05.333	磁流体力学	magneto fluid mechanics	
05.334	磁流体动力学	magnetohydrodynamics, MHD	
05.335	磁流体动力波	magnetohydrodynamic wave	
05.336	磁流体流	magnetohydrodynamic flow	
05.337	磁流体动力稳定性	magnetohydrodynamic stability	
05.338	生物力学	biomechanics	
05.339	生物流体力学	biological fluid mechanics	
05.340	生物固体力学	biological solid mechanics	
05.341	宾厄姆塑性流	Bingham plastic flow	
05.342	开尔文体	Kelvin body	
05.343	沃伊特体	Voigt body	
05.344	可贴变形	applicable deformation	
05.345	可贴曲面	applicable surface	
05.346	边界润滑	boundary lubrication	
05.347	液膜润滑	fluid film lubrication	
05.348	向心收缩功	concentric work	
05.349	离心收缩功	eccentric work	
05.350	关节反作用力	joint reaction force	
05.351	微循环力学	microcyclic mechanics	
05.352	微纤维	microfibril	
05.353	渗透性	permeability	
05.354	生理横截面积	physiological cross-sectional area	
05.355	农业生物力学	agrobiomechanics	
05.356	纤维度	fibrousness	
05.357	硬皮度	rustiness	
05.358	胶粘度	gumminess	

序 码	汉 文 名	英 文 名	注 释
05.359	粘稠度	stickiness	
05.360	嫩度	tenderness	
05.361	渗透流	osmotic flow	
05.362	易位流	translocation flow	
05.363	蒸腾流	transpirational flow	
05.364	过滤阻力	filtration resistance	
05.365	压扁	wafering	
05.366	风雪流	snow-driving wind	
05.367	停滞堆积	accretion	
05.368	遇阻堆积	encroachment	
05.369	沙漠地面	desert floor	
05.370	流沙固定	fixation of shifting sand	
05.371	流动阈值	fluid threshold	
05.372	尘暴	dust storm	
05.373	计尘仪	koniscope	
05.374	盛行风	prevailing wind	
05.375	输沙率	rate of sand transporting	
05.376	重演距离	repetition distance	
05.377	跃移[运动]	saltation	
05.378	跃移质	saltation load	
05.379	沙波纹	sand ripple	
05.380	沙影	sand shadow	
05.381	沙暴	sand storm	
05.382	流沙	shifting sand	
05.383	翻滚	tumble	
05.384	植物固沙	vegetative sand-control	
05.385	流速线	velocity line	
05.386	泥石流	debris flow	
05.387	连续泥石流	continuous debris flow	
05.388	阵发泥石流	intermittent debris flow	
05.389	泥石铺床	bed-predeposit of mud	
05.390	泥石流地声	geosound of debris flow	
05.391	气浪	airsurge	
05.392	冻胀力	frost heaving pressure	
05.393	冻土强度	frozen soil strength	
05.394	雪崩	avalanche	
05.395	冰崩	iceslide	

序 码	汉 文 名	英 文 名	注 释
05.396	冰压力	ice pressure	
05.397	重力侵蚀	gravity erosion	
05.398	分凝势	segregation potential	
05.399	滑坡	landslide	
05.400	山洪	torrent	
05.401	爆发	blow up	
05.402	雪暴	snowstorm	
05.403	火暴	fire storm	
05.404	闪点	flash point	
05.405	闪耀	flare up	
05.406	阴燃	smolder	
05.407	轰燃	flashover	
05.408	飞火	spotting, firebrand	
05.409	地表火	surface fire	
05.410	地下火	ground fire	
05.411	树冠火	crown fire	
05.412	烛炬火	candling fire	
05.413	狂燃火	running fire	
05.414	火焰强度	flame intensity	
05.415	火焰辐射	flame radiation	
05.416	火龙卷	fire tornado	
05.417	火旋涡	fire whirl	
05.418	火蔓延	fire spread	
05.419	对流柱	convection column	
05.420	隔火带	fire line	
05.421	隔火带强度	fireline intensity	
05.422	非线性动力学	nonlinear dynamics	
05.423	动态系统	dynamical system	又称"动力[学]系统"。
05.424	原象	preimage	
05.425	控制参量	control parameter	
05.426	霍普夫分岔	Hopf bifurcation	
05.427	倒倍周期分岔	inverse period–doubling bifurcation	
05.428	全局分岔	global bifurcation	
05.429	魔[鬼楼]梯	devil's staircase	
05.430	非线性振动	nonlinear vibration	

序 码	汉 文 名	英 文 名	注 释
05.431	侵入物	invader	
05.432	锁相	phase-locking	
05.433	猎食模型	predator-prey model	全称"猎物-捕食者模型"。
05.434	[状]态空间	state space	
05.435	[状]态变量	state variable	
05.436	吕埃勒-塔肯斯道路	Ruelle-Takens route	通向混沌的道路。
05.437	斯梅尔马蹄	Smale horseshoe	
05.438	混沌	chaos	曾用名"浑沌"。
05.439	李-约克定理	Li-Yorke theorem	
05.440	李-约克混沌	Li-Yorke chaos	
05.441	洛伦茨吸引子	Lorenz attractor	
05.442	混沌吸引子	chaotic attractor	
05.443	KAM 环面	KAM torus	
05.444	费根鲍姆数	Feigenbaum number	
05.445	费根鲍姆标度律	Feigenbaum scaling	
05.446	KAM 定理	Kolmogorov-Arnol'd-Moser theorem, KAM theorem	
05.447	勒斯勒尔方程	Rössler equation	
05.448	混沌运动	chaotic motion	
05.449	费根鲍姆函数方程	Feigenbaum functional equation	
05.450	蝴蝶效应	butterfly effect	
05.451	同宿点	homoclinic point	
05.452	异宿点	heteroclinic point	
05.453	同宿轨道	homoclinic orbit	
05.454	异宿轨道	heteroclinic orbit	
05.455	排斥子	repellor	
05.456	超混沌	hyperchaos	
05.457	阵发混沌	intermittency chaos	
05.458	内禀随机性	intrinsic stochasticity	
05.459	含混吸引子	vague attractor [of Kolmogorov], VAK	
05.460	奇怪吸引子	strange attractor	简称"怪引子"。
05.461	FPU 问题	Fermi-Pasta-Ulam problem, FPU problem	

序 码	汉 文 名	英 文 名	注 释
05.462	初态敏感性	sensitivity to initial state	
05.463	反应扩散方程	reaction-diffusion equation	
05.464	非线性薛定谔方程	nonlinear Schrödinger equation	
05.465	逆散射法	inverse scattering method	
05.466	孤[立]波	solitary wave	
05.467	奇异摄动	singular perturbation	又称"奇异扰动"。
05.468	正弦戈登方程	sine-Gorden equation	
05.469	科赫岛	Koch island	
05.470	豪斯多夫维数	Hausdorff dimension	
05.471	KS[动态]熵	Kolmogorov-Sinai entropy, KS entropy	
05.472	卡普兰-约克猜想	Kaplan-Yorke conjecture	
05.473	康托尔集[合]	Cantor set	
05.474	欧几里得维数	Euclidian dimension	
05.475	茹利亚集[合]	Julia set	
05.476	科赫曲线	Koch curve	
05.477	谢尔平斯基海绵	Sierpinski sponge	
05.478	李雅普诺夫指数	Lyapunov exponent	
05.479	芒德布罗集[合]	Mandelbrot set	
05.480	李雅普诺夫维数	Lyapunov dimension	
05.481	谢尔平斯基镂垫	Sierpinski gasket	
05.482	雷尼熵	Renyi entropy	
05.483	雷尼信息	Renyi information	
05.484	分形	fractal	指传统欧几里德几何所不能描述的一类具有某种自相似性的几何。
05.485	分形维数	fractal dimension	简称"分维"。
05.486	分形体	fractal	具有分形的物体。
05.487	胖分形	fat fractal	
05.488	退守物	defender	
05.489	覆盖维数	covering dimension	
05.490	信息维数	information dimension	
05.491	度规熵	metric entropy	
05.492	多重分形	multi-fractal	

序 码	汉 文 名	英 文 名	注 释
05.493	关联维数	correlation dimension	
05.494	拓扑熵	topological entropy	
05.495	拓扑维数	topological dimension	
05.496	拉格朗日湍流	Lagrange turbulence	
05.497	布鲁塞尔模型	Brusselator	
05.498	贝纳尔对流	Bénard convection	
05.499	瑞利-贝纳尔不稳定性	Rayleigh–Bénard instability	
05.500	闭锁键	blocked bond	
05.501	元胞自动机	cellular automaton	曾用名"点格自动机"。
05.502	浸渐消去法	adiabatic elimination	
05.503	连通键	connected bond, unblocked bond	
05.504	自旋玻璃	spin glass	
05.505	窘组	frustration	自旋玻璃或其它制约优化问题中的概念。
05.506	窘组嵌板	frustration plaquette	
05.507	窘组函数	frustration function	
05.508	窘组网络	frustration network	
05.509	窘组位形	frustrating configuration	
05.510	逾渗通路	percolation path	
05.511	逾渗阈[值]	percolation threshold	
05.512	入侵逾渗	invasion percolation	
05.513	扩程逾渗	extend range percolation	
05.514	多色逾渗	polychromatic percolation	
05.515	快变量	fast variable	
05.516	慢变量	slow variable	
05.517	卷筒图型	roll pattern	
05.518	六角[形]图型	hexagon pattern	
05.519	主[宰]方程	master equation	
05.520	役使原理	slaving principle	
05.521	耗散结构	dissipation structure	
05.522	离散流体[模型]	discrete fluid	
05.523	自相似解	self–similar solution	
05.524	协同学	synergetics	
05.525	自组织	self–organization	
05.526	跨越集团	spanning cluster	

序　码	汉　文　名	英　文　名	注　　释
05.527	奇点	singularity	
05.528	多重奇点	multiple singularity	
05.529	多重定态	multiple steady state	
05.530	不动点	fixed point	
05.531	吸引子	attractor	
05.532	自治系统	autonomous system	
05.533	结点	node	一种奇点。
05.534	焦点	focus	一种奇点。
05.535	简单奇点	simple singularity	
05.536	单切结点	one-tangent node	一种奇点。
05.537	极限环	limit cycle	
05.538	中心点	center	一种奇点。
05.539	鞍点	saddle [point]	
05.540	映射	map[ping]	
05.541	逻辑斯谛映射	logistic map[ping]	
05.542	沙尔科夫斯基序列	Sharkovskii sequence	
05.543	面包师变换	baker's transformation	
05.544	吸引盆	basin of attraction	
05.545	生灭过程	birth-and-death process	
05.546	台球问题	biliard ball problem	
05.547	庞加莱映射	Poincaré map	
05.548	庞加莱截面	Poincaré section	
05.549	猫脸映射	cat map [of Arnosov]	
05.550	[映]象	image	
05.551	揉面变换	kneading transformation	
05.552	倍周期分岔	period doubling bifurcation	
05.553	单峰映射	single hump map[ping]	
05.554	圆[周]映射	circle map[ping]	
05.555	埃农吸引子	Hénon attractor	
05.556	分岔	bifurcation	曾用名"分叉"、"分枝"。
05.557	分岔集	bifurcation set	
05.558	余维[数]	co-dimension	
05.559	叉式分岔	pitchfork bifurcation	
05.560	鞍结分岔	saddle-node bifurcation	
05.561	次级分岔	secondary bifurcation	

序 码	汉 文 名	英 文 名	注 释
05.562	跨临界分岔	transcritical bifurcation	
05.563	开折	unfolding	
05.564	切分岔	tangent bifurcation	
05.565	普适性	universality	
05.566	突变	catastrophe	
05.567	突变论	catastrophe theory	
05.568	折叠[型突变]	fold [catastrophe]	
05.569	尖拐[型突变]	cusp [catastrophe]	
05.570	燕尾[型突变]	swallow tail	
05.571	抛物脐[型突变]	parabolic umbilic	
05.572	双曲脐[型突变]	hyperbolic umbilic	
05.573	椭圆脐[型突变]	elliptic umbilic	
05.574	蝴蝶[型突变]	butterfly	
05.575	阿诺德舌[头]	Arnol'd tongue	
05.576	BZ 反应	Belousov–Zhabotinski reaction, BZ reaction	
05.577	法里序列	Farey sequence	
05.578	法里树	Farey tree	
05.579	洛特卡-沃尔泰拉方程	Lotka–Volterra equation	
05.580	梅利尼科夫积分	Mel'nikov integral	
05.581	锁频	frequency–locking	
05.582	滞后[效应]	hysteresis	
05.583	突跳	jump	
05.584	准周期振动	quasi–oscillation	

英 汉 索 引

A

ablation　烧蚀　05.162

absolute acceleration　绝对加速度　01.151

absolute motion　绝对运动　01.160

absolute pressure　绝对压强　05.142

absolute reaction rate　绝对反应速率　05.143

absolute temperature　绝对温度　05.144

absolute velocity　绝对速度　01.136

absorption coefficient　吸收系数　05.145

accelerated motion　加速运动　01.159

acceleration　加速度　01.141

acceleration of gravity　重力加速度　01.219

acceleration wave　加速度波　03.123

accelerometer　加速度计　01.230

accretion　停滞堆积　05.367

accumulated damage　累积损伤　03.381

accumulated plastic strain　累积塑性应变　03.144

acoustic admittance　声导纳　01.476

acoustic conductance　声导　01.477

acoustic impedance　声阻抗　01.473

acoustic reactance　声抗　01.474

acoustic resistance　声阻　01.475

acoustic resonance　声共振　01.479

acoustics　声学　01.460

acoustic susceptance　声纳　01.478

acoustic tensor　声张量　05.018

acting force　作用力　01.058

action　作用量　01.387

action-angle variables　作用-角度变量　02.016

action integral　作用量积分　02.014

activated molecule　活化分子　05.146

activation energy　活化能　05.147

active earth pressure　主动土压力　05.088

active force　主动力　01.085

active [strain] gage　工作[应变]片　03.428

adaptive grid generation　适应网格生成

04.541

added mass　附加质量　04.106

adiabatic compression　绝热压缩　05.148

adiabatic elimination　浸渐消去法　05.502

adiabatic expansion　绝热膨胀　05.149

adiabatic flame temperature　绝热火焰温度　05.150

adiabatic flow　绝热流　04.172

ADI scheme　交替方向隐格式　04.508

advancing wave　前进波　01.453

advection　平流　05.209

aeolian vibration　风激振动　02.083

aerated flow　掺气流　04.272

aerodynamic center　气动中心　04.158

aerodynamic force　气动力　04.159

aerodynamic heating　气动加热　04.161

aerodynamic noise　气动噪声　04.160

aerodynamics　空气动力学　04.127

aeroelasticity　气动弹性　03.072

aerothermochemistry　空气热化学　05.141

aerothermodynamics　气动热力学　04.130

after flow　滞后流　05.240

agrobiomechanics　农业生物力学　05.355

airfoil　翼型　04.143

air resistance　空气阻力　01.428

airsurge　气浪　05.391

Airy stress function　艾里应力函数　03.015

Alfvén wave　阿尔文波　05.322

allowable stress　许用应力　01.518

Almansi strain　阿尔曼西应变　03.068

alternating direction implicit scheme　交替方向隐格式　04.508

alternating load　交变载荷　03.411

alternating stress　交变应力　03.412

ambient pressure　围压　05.073

ambient vibration　环境振动　02.035

amplification matrix　放大矩阵　04.551

amplification factor 放大因子 04.550

amplitude 振幅 01.335

analytical mechanics 分析力学 02.001

analyzer grating 分析栅 03.514

anelastic material 滞弹性材料 05.294

anemometer 流速计 04.395

anemometry 测速法 04.359

angle of attack 迎角，* 攻角 04.148

angle of friction 摩擦角 01.069

angle of internal friction 内摩擦角 05.070

angle of nutation 章动角 01.202

angle of precession 进动角 01.201

angle of repose 休止角 05.071

angle of rotation 自转角 01.203

angle of shear 剪切角 01.399

angle of shear resistance [抗]剪切角 05.075

angle-ply laminate 斜交层板 03.262

angular acceleration 角加速度 01.142

angular displacement 角位移 01.210

angular frequency 角频率 01.337

angular momentum * 角动量 01.261

angular momentum balance 动量矩平衡
    05.025

angular motion 角[向]运动 01.207

angular velocity 角速度 01.128

angular velocity vector 角速度矢[量] 01.211

anharmonic vibration 非谐振动 01.333

anholonomic component 非完整分量 05.028

anisotropic elasticity 各向异性弹性 03.051

anisotropy 各向异性 01.395

annular flow 环状流 05.099

annular plate 环板 03.021

anti-diffusion difference scheme 反扩散差分
    格式 04.509

anti-resonance 反共振 02.036

anti-thixotropy 反触变性 05.291

aperiodicity 非周期性 01.342

apparent cohesion 表观粘聚力 05.077

apparent viscosity 表观粘度 04.301

Appell equation 阿佩尔方程 02.017

applicable deformation 可贴变形 05.344

applicable surface 可贴曲面 05.345

applied mechanics 应用力学 01.015

approximate factorization method 近似因子分

解法 04.474

aquifer 含水层 04.255

arch 拱 03.217

Archimedes principle 阿基米德原理 01.409

arc tunnel 电弧风洞 05.151

area coordinates 面积坐标 03.606

areal velocity 掠面速度， 01.135

arm of couple 力偶臂 01.044

Arnol'd tongue 阿诺德舌[头] 05.575

arrest toughness 止裂韧度 03.338

artificial compression 人工压缩 04.475

artificial viscosity 人工粘性 04.476

assembly of elements 单元的组集 03.603

assembly of load vectors 载荷矢量的组集
    03.601

assembly of mass matrices 质量矩阵的组集
    03.602

assembly of stiffness matrices 刚度矩阵的组集
    03.600

associated mass 附加质量 04.106

asymptotic stability 渐近稳定性 02.027

atmosphere-ocean interaction 大气-海洋相互
    作用 05.213

atmospheric boundary layer 大气边界层
    05.212

atmospheric circulation 大气环流 05.205

atomic heat 原子热 05.152

atomization 雾化 05.153

attached shock wave 附体激波 04.193

attachment point 附着点 04.313

attenuation 衰减 02.037

attitude angle 姿态角 02.108

attraction force 吸引力 01.177

attractor 吸引子 05.531

Atwood machine 阿特伍德机 01.222

auto-ignition 自燃 05.154

automatic grid generation 自动网格生成
    04.542

autonomous system 自治系统 05.532

auto-oxidation 自动氧化 05.155

available energy 可用能量 05.156

avalanche 雪崩 05.394

average velocity 平均速度 01.131

averaging method 平均法 02.057

axial acceleration　轴向加速度　01.147

axial flow　轴向流　05.234

axial force　轴[向]力　01.664

axial force diagram　轴力图　01.665

axial stress　轴向应力　01.506

axial vector　轴矢[量]　01.213

axisymmetric flow　轴对称流　04.085

axisymmetric element　轴对称元　03.564

azimuthal angle　方位角　02.109

B

back flow　回流　04.293

backing material　基底材料　03.429

back pressure　反压　04.204

back water curve　壅水曲线　04.258

baker's transformation　面包师变换　05.543

balanced bridge　平衡电桥　03.444

ballistic curve　弹道　01.223

ballistic pendulum　弹道摆　01.270

ballistics　弹道学　01.224

banded matrix　带状矩阵　03.629

band width　带宽　03.628

bar　杆　01.620

bar element　杆元　03.558

baroclinicity　斜压性　05.217

bar of variable cross-section　变截面杆　01.622

barometer　气压计　01.433

barotropy　正压性　05.218

base point　基点　01.189

base pressure　底压　04.415

base surge　基浪　05.270

basin of attraction　吸引盆　05.544

Basset force　巴塞特力　04.417

beam　梁　01.623

beam-column　梁柱　01.641

beam element　梁元　03.560

beam of constant strength　等强度梁　01.636

beam of variable cross-section　变截面梁　01.635

bearing　轴承　01.101

bearing stress　承压应力　01.551,轴承应力　01.552

beat　拍　01.490

beat frequency　拍频　01.491

bed-predeposit of mud　泥石铺床　05.389

Belousov-Zhabotinski reaction　BZ 反应　05.576

Bénard convection　贝纳尔对流　05.498

bending　弯曲　01.668

bending moment　弯矩　01.676

bending moment diagram　弯矩图　01.677

bending strain　弯[曲]应变　01.404

bending strength　抗弯强度　01.405

bending stress　弯[曲]应力　01.507

Bernoulli equation　伯努利方程　04.011

Bernoulli theorem　伯努利定理　04.012

Betti theorem　贝蒂定理　03.250

biaxial stress　双轴应力　01.501

bifurcation　分岔, * 分叉, * 分枝　05.556

bifurcation set　分岔集　05.557

bilateral constraint　双侧约束　01.372

biliard ball problem　台球问题　05.546

bilinear interpolation　双线性插值　03.623

Bingham model　宾厄姆模型　05.298

Bingham plastic flow　宾厄姆塑性流　05.341

binormal acceleration　副法向加速度　01.150

biofluid　生物流体　05.326

biological fluid mechanics　生物流体力学　05.339

biological solid mechanics　生物固体力学　05.340

biomechanics　生物力学　05.338

biorheology　生物流变学　05.325

Biot-Savart law　毕奥-萨伐尔定律　04.013

bioyield point　生物屈服点　05.327

bioyield stress　生物屈服应力　05.328

birefrigent effect　双折射效应　03.464

birth-and-death process　生灭过程　05.545

Blasius solution　布拉休斯解　04.019

blasting　爆破　05.263

blended interpolation　掺混插值　03.621

blockage　堵塞　04.411

blockage effect　堵塞效应　04.412

blocked bond　闭锁键　05.500

blood rheology　血液流变学　05.331

blow up　爆发　05.401

bluff body　钝头体　04.141

blunt body　钝体　04.142

body-fitted curvilinear coordinates　贴体曲线坐标　04.539

body force　[彻]体力　01.429

body wave　体波　03.080

boiling　沸腾　04.447

bonded foiled gage　粘贴箔式应变计　03.446

bonded strain gage　粘贴式应变计　03.445

bonded wire gage　粘贴丝式应变计　03.447

bounce　反弹　01.240

boundary element　边界元　03.540

boundary element method　边界元法　04.477

boundary integral method　边界积分法　02.022

boundary layer　边界层　04.342, 附面层　04.343

boundary layer equation　边界层方程　04.341

boundary layer separation　边界层分离　04.348

boundary layer theory　边界层理论　04.340

boundary layer thickness　边界层厚度　04.349

boundary layer transition　边界层转捩　04.347

boundary lubrication　边界润滑　05.346

boundary solution method　边界解法　03.533

bound theorem　界限定理　03.178

bound vortex　附着涡　04.156

Boussinesq problem　布西内斯克问题　03.014

bow wave　头波　04.192

breaking wave　破碎波　04.230

bridge balancing　桥路平衡　03.448

Brinell hardness　布氏硬度　01.576

brittle-coating method　脆性涂层法　03.516

brittle damage　脆性损伤　03.382

brittle-ductile transition temperature　延脆转变温度　03.360

brittle fracture　脆性断裂, * 脆断　03.300

brittleness　脆性　01.572

Brusselator　布鲁塞尔模型　05.497

bubble flow　泡状流　05.100

bubble formation　气泡形成　05.118

Buckingham theorem　π 定理　04.374

buckling　屈曲　01.693

buckling mode　屈曲模态　03.252

buffer　缓冲器　02.082

buffer action　缓冲作用　05.157

buffeting　抖振　05.242

built-in　固支　01.626

built-in beam　固支梁, * 嵌入梁　01.627

bulk density　体密度　05.119

bulk density　松密度　05.158

bulk modulus　体积模量　01.556

bulk viscosity　体[积]粘性　05.136

buoyancy force　浮力　01.430

Burgers equation　伯格斯方程　04.454

burning rate　燃烧率　05.159

burning velocity　燃烧速度　05.160

burning zone　燃烧带　05.181

bursting process　猝发过程　04.300

butterfly　蝴蝶[型突变]　05.574

butterfly effect　蝴蝶效应　05.450

buzz　嗡鸣　02.084

BZ reaction　BZ 反应　05.576

C

C^0-continuous problem　C^0 连续问题　03.545

C^1-continuous problem　C^1 连续问题　03.546

caloric equation of state　量热状态方程　04.179

candling fire　烛炬火　05.412

canonical equation　正则方程　02.009

canonical perturbation　正则摄动　02.010

canonical transformation　正则变换　02.011

canonical variable　正则变量　02.012

cantilever [beam]　悬臂梁　01.629

Cantor set　康托尔集[合]　05.473

capacitance strain gage　电容应变计　03.449

capillarity　毛细[管]作用　04.094

capillary flow　毛[细]管流　05.185

capillary wave　表面张力波　04.221

capsizing moment　倾覆力矩　02.031

cascade flow 叶栅流 04.137

Castigliano first theorem 卡氏第一定理 01.611

Castigliano second theorem 卡氏第二定理 01.612

catastrophe 突变 05.566

catastrophe theory 突变论 05.567

cathodic corrosion 阴极腐蚀 05.174

cat map [of Arnosov] 猫脸映射 05.549

cavitation 空穴化 03.374

cavitation 空化 04.236

cavitation damage 空蚀, * 气蚀 04.238

cavitation number 空化数 04.237

cavity flow 空泡流, * 空腔流 04.124

CCP specimen 中心裂纹板试件 03.368

CCT specimen 中心裂纹拉伸试件 03.367

cell Reynolds number 网格雷诺数 04.545

cellular automaton 元胞自动机, * 点格自动机 05.501

cellular solid 多胞固体 03.264

center 中心点 05.538

center cracked panel specimen 中心裂纹板试件 03.368

center cracked tension specimen 中心裂纹拉伸试件 03.367

center of force 力心 01.304

center of gravity 重心 01.090

center of mass 质心 01.242

center-of-mass system 质心[参考]系 01.244

center of moment 矩心 01.051

center of parallel force system 平行力系中心 01.088

center of percussion 撞击中心 01.256

center of reduction 简化中心, * 约化中心 01.071

centipoise 厘泊 04.305

centistoke 厘沲 04.306

central field 有心力场 01.306

central force 有心力 01.303

central impact 对心碰撞 01.252

central principal axis of inertia 中心惯量主轴 01.279

centrifugal force 离心力 01.221

centripetal acceleration 向心加速度 01.148

centripetal force 向心力 01.220

centrode 瞬心迹 01.192

centroid of area 形心 01.590

cepstrum 倒谱 02.085

CFL condition CFL 条件 04.465

chaos 混沌, * 浑沌 05.438

chaotic attractor 混沌吸引子 05.442

chaotic motion 混沌运动 05.448

Chasles theorem 沙勒定理 01.199

chatter 颤动 02.086

Chézy formula 谢齐公式 04.246

choking 壅塞 05.120

chopped fiber 短纤维 03.281

chord 翼弦 04.144

circle map[ping] 圆[周]映射 05.554

circular arch 圆拱 03.220

circular motion 圆周运动 01.165

circular plate 圆板 03.020

circulation 环流 04.059, 环量 04.060

circumferential stress 周向应力 01.504

clamped 固支 01.626

clamped-end beam 固支梁, * 嵌入梁 01.627

classical mechanics 经典力学 01.003

cleavage fracture 解理断裂 03.301

climbing effect 爬升效应 05.029

closed shell 封闭壳 03.033

cnoidal wave 椭圆余弦波 04.227

COA 裂纹张开角 03.324

Coanda effect 附壁效应 05.244

co-current flow 并向流 05.235

COD 裂纹张开位移 03.325

co-dimension 余维[数] 05.558

coefficient of maximum static friction 最大静摩擦系数 01.068

coefficient of permeability 渗透系数 05.074

coefficient of restitution 恢复系数 01.248

coefficient of rolling friction 滚动摩擦系数 01.064

coefficient of sliding friction 滑动摩擦系数 01.066

coefficient of viscosity * 粘性系数 01.417

coherent structure 拟序结构, * 相干结构 04.299

cohesion 粘聚力 05.078

cohesive zone 内聚区 03.356

collapse mechanism 破坏机构，*坍塌机构 03.095

collision 碰撞 01.250

collision cross section 碰撞截面 05.164

collision reaction rate 碰撞反应速率 05.171

collocation method 配置方法 04.478

column 柱 01.642

combination tone 组合音调 02.058

combustion instability 燃烧不稳定性 05.166

combustion theory 燃烧理论 05.172

compact difference scheme 紧差分格式 04.510

compact tension specimen 紧凑拉伸试件 03.369

compatibility condition 协调条件 05.030

compensating gage 补偿片 03.450

compensation technique 补偿技术 03.451

complementary constitutive relations 余本构关系 05.026

complementary energy 余能 01.603

complete dissociation 完全离解 05.168

complete solution 完全解 03.125

complexity 错综度 05.031

complex potential 复势 04.117

complex velocity 复速度 04.118

complex viscosity 复态粘度 05.309

compliance 柔度 01.560

component force 分力 01.039

component velocity 分速度 01.129

composite material 复合材料 03.254

composite motion 复合运动 01.168

composite structure 组合结构 03.656

composition of forces 力的合成 01.042

composition of velocities 速度[的]合成 01.126

compound pendulum 复摆 01.268

compressibility 压缩率 01.420

compressible flow 可压缩流[动] 04.170

compressible fluid 可压缩流体 04.171

compression 压缩 01.663

compression wave 压缩波 04.196

compressive strain 压[缩]应变 01.528

compressive stress 压[缩]应力 01.503

computational domain 计算区域 04.526

computational fluid mechanics 计算流体力学 04.452

computational mechanics 计算力学 01.018

computational structural mechanics 计算结构力学 03.519

concentrated force 集中力 01.086

concentrated load 集中载荷 01.538

concentration 浓度 04.441

concentration gradient 浓度梯度 05.173

concentric work 向心收缩功 05.348

concurrent forces 汇交力 01.076

condensation 凝结 04.450

conduction 传导 04.437

conductive heat transfer 热传导 04.438

configuration 构型 04.146

configuration space 位形空间 01.378

confined vortex 约束涡 04.157

conforming contact 协调接触 03.047

conforming element 协调元 03.536

conical flow 锥形流 04.135

conical shell 锥壳 03.031

conjugate displacement 共轭位移 03.236

connected bond 连通键 05.503

conservation difference scheme 守恒差分格式 04.511

conservation form 守恒型 04.535

conservation integral 守恒积分 03.352

conservation of energy 能量守恒 04.027

conservation of mass 质量守恒 04.025

conservation of momentum 动量守恒 04.026

conservative force 保守力 01.182

conservative system 保守系 01.301

consistency 稠度 05.079

consistency condition 相容条件 04.464

consistent mass matrix 相容质量矩阵 03.597

consolidation 固结 05.080

consolidometer 固结仪 05.083

constant force 恒力 01.084

constant of motion 运动常量 01.217

constituent 组份 05.170

constituents of a mixture 混合物组份 05.006

constitutive equation 本构方程 03.124

constitutive relation　本构关系　05.295

constrained motion　约束运动　01.368

constrained variational principle　约束变分原理　03.530

constraint　约束　01.079

constraint force　约束力　01.080

contact stress　接触应力　03.045

contact surface　接触面　05.161

continuity equation　连续[性]方程　01.415

continuous beam　连续梁　01.633

continuous debris flow　连续泥石流　05.387

continuous dislination　连续旋错　05.023

continuous dislocation　连续位错　05.024

continuous fiber　长纤维　03.282

continuous medium　连续介质　01.389

continuous medium hypothesis　连续介质假设　04.006

continuous phase　连续相　05.114

continuous process　连续过程　05.163

continuum　连续统　01.390

continuum damage mechanics　连续介质损伤力学　03.379

contour of equal displacement　等位移线　03.465

contraction　收缩　04.107

contragradient transformation　合同变换　03.610

control parameter　控制参量　05.425

control volume　控制体积　04.030

convected acceleration　牵连加速度　01.152

convected inertial force　牵连惯性力　01.321

convected motion　牵连运动　01.161

convected velocity　牵连速度　01.137

convection　对流　04.425

convection column　对流柱　05.419

convection diffusion equation　对流扩散方程　04.455

convective cell　对流涡胞　04.055

convective heat transfer　对流传热　04.433

conventional gas constant　通用气体常数　05.165

convexity of yield surface　屈服面[的]外凸性　03.181

coplanar force　共面力　01.078

cord　索　01.645

Coriolis acceleration　科里奥利加速度，＊科氏加速度　01.154

Coriolis force　科里奥利力，＊科氏力　01.318

corner flow　拐角流　04.123

corner node　角节点　03.554

co-rotational derivative　共旋导数　05.027

correlation dimension　关联维数　05.493

correspondence principle　对应原理　03.057

corrosion fatigue　腐蚀疲劳　03.401

corrugated plate　波纹板　03.022

corrugated shell　波纹壳　03.034

cosmic gas dynamics　宇宙气体动力学　05.318

Couette flow　库埃特流　04.070

Coulomb damping　库仑阻尼　02.038

Coulomb law of friction　库仑摩擦定律　01.070

counter current flow　对向流　05.236

couple　力偶　01.043

Courant-Friedrichs-Lewy condition　CFL 条件　04.465

covering dimension　覆盖维数　05.489

crack　裂纹　03.307

crack arrest　止裂　03.337

crack blunting　裂纹钝化　03.319

crack branching　裂纹分叉　03.320

crack closure　裂纹闭合　03.321

crack front　裂纹前缘　03.322

crack gage　裂纹片　03.423

crack growth　裂纹扩展　03.424

crack growth rate　裂纹扩展速率　03.332

crack initiation　裂纹萌生　03.425

crack mouth　裂纹嘴　03.323

crack opening angle　裂纹张开角　03.324

crack opening displacement　裂纹张开位移　03.325

crack propagation　裂纹扩展　03.424

crack resistance　裂纹阻力　03.326

crack retardation　裂纹[扩展]减速　03.336

crack surface　裂纹面　03.327

crack tip　裂纹尖端，＊裂尖　03.328

crack tip opening angle　裂尖张角　03.329

crack tip opening displacement　裂尖张开位移

03.330

crack tip singularity field　裂尖奇异场　03.331

Crank-Nicolson scheme　克兰克-尼科尔森格
　式　04.512

crashworthiness　耐撞性　03.092

cratering　成坑　05.271

creep　蠕变　01.584

creep fatigue　蠕变疲劳　03.400

creep fracture　蠕变断裂　03.302

critical damping　临界阻尼　01.347

critical flow　临界流　04.269

critical heat flux　临界热通量　04.440

critical Reynolds number　临界雷诺数　04.154

critical speed of rotation　临界转速　02.044

cross flow　横向流　05.237

cross force　互耦力　02.125

cross-ply laminate　正交层板　03.261

cross-section　横截面　01.595

crown fire　树冠火　05.411

CTOA　裂尖张角　03.329

CTOD　裂尖张开位移　03.330

CT specimen　紧凑拉伸试件　03.369

cubic element　三次元　03.575

current configuration　当时构形　05.032

curved beam　曲梁　01.630

curved element　曲线元　03.572

curvilinear coordinates　曲线坐标　03.608

curvilinear motion　曲线运动　01.164

cusp [catastrophe]　尖拐[型突变]　05.569

cycle ratio　循环比　03.426

cyclic coordinate　循环坐标　02.005

cyclic hardening　循环硬化　03.420

cyclic integral　循环积分　02.006

cyclic loading　循环加载　01.548

cyclic shear strength　循环抗剪强度　05.066

cyclic softening　循环软化　03.421

cylinder　[圆]筒　01.646

cylindrical shell　[圆]柱壳　03.030

cylindrical wave　柱面波　03.077

D

d'Alembert inertial force　达朗贝尔惯性力
　01.317

d'Alembert paradox　达朗贝尔佯谬　04.020

d'Alembert principle　达朗贝尔原理　01.316

damage　损伤　03.378

damage criterion　损伤准则　03.387

damage evolution equation　损伤演化方程
　03.388

damage mechanics　损伤力学　03.377

damage softening　损伤软化　03.389

damage strengthening　损伤强化　03.390

damage tensor　损伤张量　03.391

damage threshold　损伤阈值　03.392

damage variable　损伤变量　03.393

damage vector　损伤矢量　03.394

damage zone　损伤区　03.395

damped vibration　阻尼振动　01.344

damper　阻尼器　02.045

damping　阻尼　01.345

damping error　阻尼误差　04.552

damping force　阻尼力　01.346

damping matrix　阻尼矩阵　03.598

Darcy law　达西定律　05.183

dark fringe　暗条纹　03.466

dead load　死载[荷]　01.540

debond　脱粘　03.269

Deborah number　德博拉数　05.314

debris flow　泥石流　05.386

debulk　压实　03.266

deep water wave　深水波　04.225

defect　缺陷　03.309

defender　退守物　05.488

deflagration　缓燃　04.207

deflection　挠度　01.675

deformable body　[可]变形体　01.391

deformation gradient　变形梯度　05.034

deformation theory of plasticity　＊塑性形变
　理论　03.059

degradation　劣化　03.267

degree of freedom　自由度　01.367

degree of indeterminacy　超静定次数　03.231

delamination　脱层　03.268

dense phase　浓相　05.112

densification　致密化　03.287

density　密度　01.092

density current　异重流　04.270

DEN specimen　双边缺口试件　03.364

deposit　沉积物　04.275

deposition　沉[降堆]积　04.276

desert floor　沙漠地面　05.369

detached shock wave　脱体激波　04.150

determinant search method　行列式搜索法　03.634

detonation　爆轰，* 爆震　04.206

detuning　解谐　02.059

deviatoric tensor of strain　应变偏张量　03.152

deviatoric tensor of stress　应力偏张量　03.153

devil's staircase　魔[鬼楼]梯　05.429

diabatic flow　非绝热流　04.173

die swell　挤出[物]胀大，* 口模胀大　05.284

differential pressure　压差　04.033

diffraction　衍射　04.200，绕射　04.201

diffuser　扩散段　04.383

diffusion　扩散　04.442

diffusion velocity　扩散速度　04.445

diffusivity　扩散性　04.443，扩散率　04.444

dilatancy　扩容　05.085

dilatancy effect　剪胀效应　05.286

dilatation wave　膨胀波　03.083

dilute phase　稀相　05.113

dilution　稀释度　05.167

dimensional analysis　量纲分析　03.042

dimensional split　维数分解　04.531

dimensionless parameter　无量纲参数　04.109

dipole　偶极子　04.062

Dirichlet boundary condition　狄里克雷边界条件　04.466

discharge　排放量　04.257

discharge-induced explosion　电爆炸　05.254

discrete fluid　离散流体[模型]　05.522

discrete system　离散系统　03.544

discrete vortex　离散涡　04.553

discretization　离散化　03.543

dispersed phase　离散相　05.115

dispersion　色散　04.104，弥散　04.105

displacement　位移　01.118

displacement method　位移法　01.701

displacement resonance　位移共振　01.354

displacement thickness　位移厚度　04.350

displacement vector　位移矢量　03.593

dissipation　耗散　04.330

dissipation structure　耗散结构　05.521

dissipative force　耗散力　01.183

dissipative function　耗散函数　02.060

dissociation　离解　04.162

distortion energy theory　畸变能理论　01.606

distortion wave　畸变波　03.082

distributed force　分布力　01.075

distributed load　分布载荷　01.539

distributed parameter system　分布参量系统　02.072

distribution　分布　04.102

distribution factor　分配系数　03.245

disturbance　扰动　04.101

divergence form　散度型　04.538

domain decomposition　区域分解　04.53

domain of dependence　依赖域　04.529

domain of influence　影响域　04.528

dome　穹顶　03.221

dominant frequency　优势频率　02.073

Doppler effect　多普勒效应　01.440

Doppler shift　多普勒频移　01.441

double edge notched specimen　双边缺口试件　03.364

doublet　偶极子　04.062

drag　阻力　04.090

drag reduction　减阻　04.091

drag reduction by polymers　聚合物减阻　05.283

drainage　排水　04.256

drawing　拉拔　03.094

driving force　驱动力　01.351

dropdown curve　降水曲线　04.274

droplet　微滴　05.121

Drucker postulate　德鲁克公设　03.212

ductile damage　延性损伤　03.383

ductile fracture　延性断裂　03.303

ductility　延性　01.571

Duffing equation　达芬方程　02.053

Dufort-Frankel scheme　杜福特-弗兰克尔格

式 04.513

Dugdale model 达格代尔模型 03.293

dummy-load method 傀载[荷]法，* 单位载荷法 01.704

Dunkerley formula 邓克利公式 02.070

dust storm 尘暴 05.372

dyad 并矢 02.023

dynamical pressure 动压 01.426

dynamical system 动态系统，* 动力[学]系统 05.423

dynamic balancing 动平衡 02.119

dynamic calibration 动态校准 04.376

dynamic elasticity 弹性动力学 03.069

dynamic load 动载[荷] 01.542

dynamic modulus 动态模量 05.316

dynamic photo-elasticity 动态光弹性 03.479

dynamic plastic buckling 塑性动力屈曲 03.193

dynamic plasticity 塑性动力学 03.192

dynamic plastic response 塑性动力响应 03.194

dynamic response 动态响应 04.413

dynamics 动力学 01.006

dynamic similarity 动力相似[性] 04.112

dynamic ultrahigh pressure technique 动态超高压技术 05.248

dynamic unbalance 动不平衡 02.121

dynamic viscosity 动力粘性 04.303

E

earth pressure 土压力 03.226

earthquake loading 地震载荷 03.227

eccentric compression 偏心压缩 01.667

eccentric loading 偏心加载 01.549

eccentric tension 偏心拉伸 01.666

eccentric work 离心收缩功 05.349

echo 回波 01.488, 回声 01.489

Eckert number 埃克特数 04.418

eddy 涡 04.057

eddy current 涡流 01.422

eddy viscosity 涡粘性 04.058

edge effect 边缘效应 03.088

effective column length 有效柱长 01.644

effective potential 有效势 01.309

effective stress 有效应力 05.086

effective stress tensor 有效应力张量 03.353

effulent 排放物 05.231

eigenvector 本征矢[量] 01.361

eigenvibration 本征振动 01.360

Ekman boundary layer 埃克曼边界层 05.211

Ekman flow 埃克曼流 05.210

Ekman number 埃克曼数 05.214

elastic body 弹性体 01.393

elastic curve 弹性曲线 01.683

elastic force 弹性力 01.074

elasticity 弹性 01.392, 弹性力学 03.001

elastic limit 弹性极限 01.564

elastic-perfectly plastic material 理想弹塑性材料 03.170

elastic-plastic bending 弹塑性弯曲 03.165

elastic-plastic fracture mechanics 弹塑性断裂力学 03.298

elastic-plastic interface 弹塑性交界面 03.166

elastic-plastic torsion 弹塑性扭转 03.167

elastic potential 弹性势 05.038

elastic section modulus 弹性截面模量 01.598

elastic strain energy 弹性应变能 01.601

elastic wave 弹性波 03.075

electric gun 电炮 05.265

electro-gas dynamics 电气体力学 05.329

electromagnetic gun 电磁炮 05.266

element [单]元 03.553

element analysis 单元分析 03.586

elementary work 元功 01.292

element characteristics 单元特性 03.587

element number 单元号 03.627

element stiffness matrix 单元刚度矩阵 03.247

element strain matrix 单元应变矩阵 03.248

elevating head 高度水头，* 位置水头 04.251

ellipsoid of inertia 惯量椭球 01.276

elliptical crack　椭圆裂纹　03.313

elliptic umbilic　椭圆脐[型突变]　05.573

elongational flow　拉伸流动　05.311

elongational viscosity　拉伸粘度　05.310

embedded crack　深埋裂纹　03.314

encroachment　遇阻堆积　05.368

endochronic theory　内时理论　05.014

endurance limit　持久极限　01.567

energy absorbing device　能量吸收装置　03.190

energy balance　能量平衡　05.033

energy deposition　能量沉积　05.272

energy dissipating rate　能量耗散率　03.191

energy dissipation　消能　04.244

energy equation　能量方程　04.029

energy flux　能流　01.494

energy flux density　能流密度　01.495

energy method　能量法　04.479

energy of distortion　畸变能　01.605

energy of volume change　体积改变能　01.604

energy release rate　能量释放率　03.355

energy thickness　能量厚度　04.352

energy transfer　能量传递　04.436

energy transport　能量输运　04.068

engineering mechanics　工程力学　01.016

engineering strain　工程应变　03.136

enstrophy　涡量拟能　04.032

enthalpy thickness　焓厚度　04.353

entrainment　挟带　05.122

entrance　进口　04.099

entropy condition　熵条件　04.467

entropy flux　熵通量　04.554

entropy function　熵函数　04.555

entropy inequality　熵不等式　05.039

entropy production　熵增　05.036

environmental effect　环境效应　03.422

environmental fluid mechanics　环境流体力学　05.222

EPFM　弹塑性断裂力学　03.298

equation of motion　运动方程　03.070

equation of state　状态方程　04.178

equation of strain compatibility　应变协调方程　03.008

equilibrium　平衡　01.034

equilibrium condition　平衡条件　01.036

equilibrium flow　平衡流　05.102

equilibrium iteration　平衡迭代　03.646

equilibrium of forces　力的平衡　01.035

equilibrium position　平衡位置　01.037

equilibrium state　平衡态　01.038

equipotential line　等势线　01.296

equipotential surface　等势面　01.297

equivalent force system　等效力系　01.027

equivalent nodal force　等效节点力　03.590

equivalent strain　等效应变　03.137

equivalent stress　等效应力　03.129

equivoluminal wave　等容波　03.085

Euclidian dimension　欧儿里得维数　05.474

Euler critical load　欧拉临界载荷　01.696

Euler equation　欧拉方程　04.014

Euler equations for hydrodynamics　欧拉流体动力学方程　01.406

Eulerian angle　欧拉角　01.200

Euler kinematical equations　欧拉运动学方程　01.204

Euler number　欧拉数　04.247

evaporation　蒸发　04.448

exit　出口　04.100

exit pressure　出口压力　04.202

expansion　膨胀　03.265

experimental mechanics　实验力学　01.017

experimental stress analysis　实验应力分析　03.427

explicit scheme　显格式　04.507

explosion　爆炸　04.205

explosion by beam radiation　粒子束爆炸　05.260

explosion center　爆心　05.273

explosion chamber　爆炸洞　05.267

explosion equivalent　爆炸当量　05.274

explosion in air　空中爆炸　05.251

exponential scheme　指数格式　04.514

extend range percolation　扩程逾渗　05.513

extensometer　引伸仪　03.439

external ballistics　外弹道学　01.225

external flow　外流　04.098

external force　外力　01.073

extrusion　挤压　03.097

extrusion swell 挤出[物]胀大，＊口模胀大 | 05.284

F

fading memory 衰退记忆 05.305

failure 破坏 01.582，失效 01.583

failure criterion 失效准则 03.291

Farey sequence 法里序列 05.577

Farey tree 法里树 05.578

far field boundary condition 远场边界条件 04.468

far field flow 远场流 04.290

fast variable 快变量 05.515

fat fractal 胖分形 05.487

fatigue 疲劳 03.396

fatigue crack 疲劳裂纹 03.405

fatigue damage 疲劳损伤 03.402

fatigue failure 疲劳失效 03.403

fatigue fracture 疲劳断裂 03.404

fatigue life 疲劳寿命 03.406

fatigue life gage 疲劳寿命计 03.458

fatigue rupture 疲劳破坏 03.407

fatigue strength 疲劳强度 03.408

fatigue striations 疲劳辉纹 03.409

fatigue threshold 疲劳阈值 03.410

Feigenbaum functional equation 费根鲍姆函数方程 05.449

Feigenbaum number 费根鲍姆数 05.444

Feigenbaum scaling 费根鲍姆标度律 05.445

Fermi-Pasta-Ulam problem FPU 问题 05.461

ferro-hydrodynamics 铁流体力学 05.330

fiber break 纤维断裂 03.284

fiber direction 纤维方向 03.283

fiber pull-out 纤维拔脱 03.285

fiber reinforcement 纤维增强 03.286

fiber stress 纤维应力 03.270

fibrous composite 纤维复合材料 03.255

fibrousness 纤维度 05.356

Fick law 非克定律 04.416

field balancing 现场平衡 02.122

filtration 过滤 05.186

filtration resistance 过滤阻力 05.364

final velocity 末速[度] 01.140

fingering 爪进，＊指进 05.187

finite deformation 有限变形 03.066

finite difference method 有限差分法 03.521

finite elasticity 有限弹性 05.035

finite element method 有限[单]元法 03.522

finite rotation 有限转动 01.205

finite strain 有限应变 03.142

finite strip method 有限条法 03.534

finite volume method 有限体积法 04.480

fire ball 火球 05.275

firebrand 飞火 05.408

fire line 隔火带 05.420

fireline intensity 隔火带强度 05.421

fire spread 火蔓延 05.418

fire storm 火暴 05.403

fire tornado 火龙卷 05.416

fire whirl 火旋涡 05.417

first cosmic velocity 第一宇宙速度 01.232

first normal-stress difference 第一法向应力差 05.312

fixation of shifting sand 流沙固定 05.370

fixed-axis rotation 定轴转动 01.187

fixed centrode 定瞬心迹 01.193

fixed point 不动点 05.530

fixed-point motion 定点运动 01.197

fixed reference system 固定参考系 01.114

fixed vector 固定矢[量] 01.095

flame intensity 火焰强度 05.414

flame propagation 火焰传播 05.169

flame radiation 火焰辐射 05.415

flame speed 火焰速度 05.175

flame stabilization 火焰驻定 05.176

flame structure 火焰结构 05.177

flare up 闪耀 05.405

flashover 轰燃 05.407

flash point 闪点 05.404

flaw 裂缝 03.308

flexibility coefficient 柔度系数 03.241

flexibility method 柔度法 01.703

flexible rotor 挠性转子 02.126

flexural rigidity 抗弯刚度 01.682

flexural stress 弯[曲]应力 01.507

flexure 挠曲 01.681

FLIC method 流体网格法 04.481

floating body 浮体 04.088

flocculation 絮凝[作用] 05.087

flood wave 洪水波 04.242

Floquet theorem 弗洛凯定理 02.030

flow 流[动] 04.034

flow cross-section 过水断面 04.260

flow discharge 流量 04.042

flow field 流场 04.039

flow in porous media 渗流 05.182

flow meter 流量计 04.400

flow parameter 流动参量 04.041

flow pattern 流型 05.123

flow rate 流量 04.042

flow regime 流态 04.040

flow rule 流动法则 03.198

flow separation 流动分离 04.309

flow stability 流动稳定性 04.278

flow stress 流动应力 03.130

flow theory of plasticity * 塑性流动理论 03.203

flow visualization 流动显示 04.361

fluid 流体 01.410

fluid dynamics 流体动力学 04.001

fluid film lubrication 液膜润滑 05.347

fluidics 流控技术, * 射流技术 05.233

fluid in cell method 流体网格法 04.481

fluidization 流[态]化 05.124

fluid kinematics 流体运动学 04.007

fluid mechanics 流体力学 01.013

fluid particle 流体质点 04.004

fluid threshold 流动阈值 05.371

flutter 颤振 03.074

flux-corrected transport method 通量校正传输法 04.482

flux vector splitting method 通量矢量分解法 04.483

foamed composite 泡沫复合材料 03.257

focus 焦点 05.534

fold [catastrophe] 折叠[型突变] 05.568

force 力 01.022

forced boundary condition 强迫边界条件 03.541

forced convection 强迫对流 04.427

forced vibration 受迫振动 01.350

force field 力场 01.305

force method 力法 01.700

force polygon 力多边形 01.032

forces acting at the same point 共点力 01.077

force screw 力螺旋 01.057

force triangle 力三角形 01.031

formability 可成形性 03.090

Foucault pendulum 傅科摆 01.271

FPU problem FPU 问题 05.461

fractal 分形 05.484, 分形体 05.486

fractal dimension 分形维数, * 分维 05.485

fractional frequency precession 分频进动 02.127

fractional step method 分步法 04.556

fracture 破坏 01.582, 断裂 03.299

fracture criterion 断裂准则 03.346

fracture mechanics 断裂力学 03.294

fracture mode 断裂类型 03.339

fracture toughness 断裂韧度 03.349

frame 刚架, * 框架 01.655

frame indifference 标架无差异性 05.037

free-body diagram 受力图 01.089

free convection 自由对流 04.426

free jet 自由射流 04.296

free motion of rigid body 刚体自由运动 01.280

free stream 自由流 04.096

free stream line 自由流线 04.097

free surface 自由面 04.214

free surface flow 无压流 04.263

free vector 自由矢[量] 01.096

free vibration 自由振动 02.032

frequency-locking 锁频 05.581

frequency response 频率响应 04.364

frequency spectrum 频谱 02.079

frictional drag 壁剪应力 04.326

friction factor 摩擦因子 04.329

friction force 摩擦力 01.061

friction loss 摩擦损失 04.328

friction velocity 壁剪切速度，＊摩擦速度 04.327

fringe multiplication 条纹倍增 03.467

frontal method 波前法 03.632

frost heaving pressure 冻胀力 05.392

Froude number 弗劳德数 04.248

frozen flow 冻结流 05.104

frozen soil strength 冻土强度 05.393

frustrating configuration 窘组位形 05.509

frustration 窘组 05.505

frustration function 窘组函数 05.507

frustration network 窘组网络 05.508

frustration plaquette 窘组嵌板 05.506

fundamental frequency 基频 02.080

funicular polygon 索多边形 01.100

fuzzy vibration 模糊振动 02.043

G

Galerkin method 伽辽金法 04.484

Galilean invariance 伽利略不变性 01.176

Galilean principle of relativity 伽利略相对性原理 01.175

Galilean transformation 伽利略变换 01.174

galloping 驰振 02.100

gas dynamics 气体动力学 04.164

gasification 气化 04.449

gas-liquid flow 气-液流 05.107

gas lubrication 气体润滑 04.334

gas-solid flow 气-固流 05.108

Gauss-Jordan elimination method 高斯-若尔当消去法 03.251

Geiringer velocity equation 盖林格速度方程 03.213

generalized continuum mechanics 广义连续统力学 05.001

generalized coordinate 广义坐标 01.381

generalized displacement 广义位移 03.547

generalized force 广义力 01.380

generalized Hooke law 广义胡克定律 01.559

generalized load 广义载荷 03.548

generalized momentum 广义动量 01.383

generalized strain 广义应变 03.549

generalized stress 广义应力 03.550

generalized variational principle 广义变分原理 03.525

generalized velocity 广义速度 01.382

general mechanics 一般力学 01.011

geocentric coordinate system 地心坐标系 01.116

geodynamics 地球动力学 01.021

geometric matrix 几何矩阵 03.589

geometric similarity 几何相似 04.110

geophysical fluid dynamics 地球物理流体动力学 05.203

geosound of debris flow 泥石流地声 05.390

geostatic pressure 地压强 05.062

Gerstner wave 盖斯特纳波 04.211

global bifurcation 全局分岔 05.428

global coordinates 总体坐标 03.249

Godunov scheme 戈杜诺夫格式 04.515

governing equation 支配方程，＊控制方程 04.010

gradually varied flow 渐变流 04.267

granular material 颗粒材料 03.052

Grashof number 格拉斯霍夫数 04.419

gravitation 引力 01.178

gravitational constant 引力常量 01.180

gravitational field 引力场 01.179

gravity 重力 01.218

gravity erosion 重力侵蚀 05.397

gravity field 重力场 01.298

gravity flow 异重流 04.270

gravity wave 重力波 04.226

Green strain 格林应变 03.067

grid method 网格法 03.494

Griffith theory 格里菲思理论 03.296

ground effect 地面效应 04.163

ground fire 地下火 05.410

group velocity 群速 01.492

gumminess 胶粘度 05.358

guy cable 拉索 01.105

gyrodynamics 陀螺动力学 02.101

gyropendulum 陀螺摆 02.102

gyroplatform 陀螺平台 02.103

gyroscope　陀螺仪　01.282

gyroscopic torque　陀螺力矩　02.104

gyrostabilizer　陀螺稳定器　02.105

gyrostat　陀螺体　02.106

H

Haigh–Westergaard stress space　赫艾–韦斯特加德应力空间　03.210

half frequency precession　半频进动　02.128

half-peak width　半峰宽度　02.046

Hamiltonian　哈密顿[量]　02.007

Hamiltonian function　哈密顿函数　02.008

Hamilton–Jacobi equation　哈密顿–雅可比方程　02.015

Hamilton principle　哈密顿原理　02.013

hardening spring　硬弹簧　02.062

hard excitation　硬激励　02.061

hardness　硬度　01.575

hard spring　硬弹簧　02.062

harmonic balance method　谐波平衡法　02.063

harmonic oscillator　谐振子　01.334

harmonic [sound]　谐音　01.456

harmonic [wave]　谐波　01.457

Hartman number　哈特曼数　05.324

Hausdorff dimension　豪斯多夫维数　05.470

HAZ　热影响区　03.359

h-convergence　h收敛　03.620

head loss　水头损失　04.252

heat affected zone　热影响区　03.359

heat convection　热对流　04.428

heat exchange　热交换　04.439

heat transfer　热量传递，* 传热　04.431

heat transfer coefficient　传热系数　04.432

heavy symmetrical top　重对称陀螺　01.283

height of burst　爆高　05.276

Hele–Shaw flow　赫尔–肖流　05.184

helical motion　螺旋运动　01.166

Hellinger–Reissner principle　赫林格–赖斯纳原理　03.528

Helmholtz theorem　亥姆霍兹定理　04.015

hemitropic tensor　半向同性张量　05.019

hemodynamics　血液动力学　05.332

hemorheology　血液流变学　05.331

Hencky stress equation　亨基应力方程　03.209

Hénon attractor　埃农吸引子　05.555

herpolhode　* 空间瞬心迹　01.193

Hertz theory　赫兹理论　03.046

heteroclinic orbit　异宿轨道　05.454

heteroclinic point　异宿点　05.452

hexagon pattern　六角[形]图型　05.518

hexahedral element　六面体元　03.571

high resolution scheme　高分辨率格式　04.516

high-speed aerodynamics　高速空气动力学　04.129

Hill equation　希尔方程　02.054

hinge　铰[链]　01.650

hinged end　铰接端　01.107

Hirt stability analysis　希尔特稳定性分析　04.463

hodograph　矢端图　01.155

hole-pressure [error] effect　孔压[误差]效应　05.287

hologram　全息图　03.496

holograph　全息照相　03.497

holographic interferometry　全息干涉法　03.498

holographic moiré technique　全息云纹法　03.499

holography　全息术　03.500

holonomic constraint　完整约束　01.374

holonomic system　完整系　01.376

holo-photoelasticity　全息光弹性法　03.495

homoclinic orbit　同宿轨道　05.453

homoclinic point　同宿点　05.451

homoentropic flow　匀熵流　04.176

homogeneous flow　均质流　05.105

homogeneous state of strain　均匀应变状态　03.007

homogeneous state of stress　均匀应力状态　03.003

Hooke law　胡克定律　01.558

Hopf bifurcation 霍普夫分岔 05.426

Hopkinson bar 霍普金森杆 05.264

horizontal shear wave 水平剪切波 03.078

horseshoe vortex 马蹄涡 04.054

hot—film anemometer 热膜流速计 04.399

hot—wire anemometer 热线流速计 04.398

hunting 蛇行 02.087

Hutchinson—Rice—Rosengren field HRR 场 03.351

Hu-Washizu principle 胡[海昌]-鹫津原理 03.527

Huygens principle 惠更斯原理 01.442

hybrid element 杂交元 03.539

hybrid method 杂交法 03.532

hydraulic fracture 水力劈裂 05.063

hydraulic jump 水跃 04.254

hydraulic radius 水力半径 04.249

hydraulics 水力学 04.241

hydraulic slope 水力坡度 04.250

hydrodynamic lubrication 液体动力润滑 04.335

hydrodynamic noise 水动[力]噪声 04.234

hydrodynamics 水动力学 04.208, 液体动力学 04.209

hydroelasticity 水弹性 03.073

hydro—elastoplastic medium 流体弹塑性体 05.249

hydrofoil 水翼 04.240

hydrogen bubble method 氢泡法 04.370

hydrostatic pressure 液体静压 04.031

hydrostatics 流体静力学 01.413, 水静力学 04.008, 液体静力学 04.009,

hydrostatic state of stress 静水应力状态 03.134

hyperbolic umbilic 双曲脐[型突变] 05.572

hyperchaos 超混沌 05.456

hyperelasticity 超弹性 03.055

hypersonic flow 高超声速流[动], * 高超音速流[动] 04.134

hypoelasticity 低弹性 05.041

hysteresis 滞后[效应] 05.582

I

ice pressure 冰压力 05.396

iceslide 冰崩 05.395

ideal constraint 理想约束 01.369

ideal fluid 理想流体 01.411

ignition 着火 05.178

ignorable coordinate 可遗坐标 01.386

image [映]象 05.550

image method 镜象法 04.108

immiscible displacement 不互溶驱替 05.188

immiscible fluid 不互溶流体 05.189

impact 撞击 01.697

impact factor 撞击因子 01.698

impact parameter 碰撞参量 01.251

impact stress 撞击应力 01.699

impact toughness 冲击韧性 01.574

impedance matching 阻抗匹配 02.688

imperfect elastic collision 非完全弹性碰撞 01.254

implicit scheme 隐格式 04.506

implosion 聚爆 05.261

impulse 冲量 01.239

impulse of compression 压缩冲量 01.247

impulse of restitution 恢复冲量 01.246

impulsive load 冲击载荷 03.117

incoming flow 来流 04.095

incompatibility theory 非协调理论 05.007

incompatible mode 非协调模式 03.625

incompressibility 不可压缩性 04.086

incompressible flow 不可压缩流[动] 04.087

incompressible fluid 不可压缩流体 04.024

incremental method 增量法 03.640

incremental theory of plasticity 塑性增量理论 03.203

indentation 压入 03.050

induced drag 诱导阻力 04.152

induced velocity 诱导速度 04.153

inductance [strain] gage 电感应变计 03.459

industrical fluid mechanics 工业流体力学 05.232

inelastic bending 非弹性弯曲 01.673

inelasticity　非弹性　03.169

inertia　惯性　01.171

inertial centrifugal force　惯性离心力　01.320

inertial force　惯性力　01.319

inertial guidance　惯性导航　02.107

inertial [reference] frame　惯性[参考]系　01.172

inertial [reference] system　惯性[参考]系　01.172

infinite element　无限元　03.585

infinitesimal rotation　无限小转动　01.206

inflow boundary condition　流入边界条件　04.469

influence line　影响线　03.237

influence surface　影响面　03.044

information dimension　信息维数　05.490

infrasonic wave　次声波　01.483

initial strain　初应变　03.641

initial stress　初应力　03.642

initial velocity　初速[度]　01.139

initial yield surface　初始屈服面　03.179

initiation of explosion　起爆　05.262

injection　注入　04.354

inlet　进口　04.099

in-phase component　同相分量　02.039

in-plane moiré method　面内云纹法　03.515

instability　不稳定性　04.279

instability in tension　拉伸失稳　03.122

instantaneous axis [of rotation]　[转动]瞬轴　01.195

instantaneous center of acceleration　加速度瞬心　01.191

instantaneous center [of rotation]　[转动]瞬心　01.190

instantaneous screw axis　瞬时螺旋轴　01.196

instantaneous translation　瞬时平移　01.185

instantaneous velocity　瞬时速度　01.132

integral method　积分方法　04.485

integral of generalized energy　广义能量积分　01.385

integral of generalized momentum　广义动量积分　01.384

intense explosion　强爆炸　05.259

intensity of sound　声强　01.465

interface　界面　05.125

interface variable　界面变量　03.551

interfacial wave　界面波　03.087

interference fringe　干涉条纹　03.468

inter-granular fracture　晶间断裂　03.304

interlaminar stress　层间应力　03.273

interlocking　咬合[作用]　05.064

intermittency chaos　阵发混沌　05.457

intermittent debris flow　阵发泥石流　05.388

internal constraint　内部约束　05.047

internal flow　内流　04.298

internal force　内力　01.072

internal friction　内摩擦　05.219

internal node　内节点　03.556

internal variable　内变量　03.146

intonation　声调　01.467

intrinsic equation　内禀方程　01.156

intrinsic shear strength　内禀抗剪强度　05.065

intrinsic stochasticity　内禀随机性　05.458

invader　侵入物　05.431

invasion percolation　入侵逾渗　05.512

inverse period-doubling bifurcation　倒倍周期分岔　05.427

inverse scattering method　逆散射法　05.465

inviscid fluid　无粘性流体　04.005

ionized gas　电离气体　05.320

irregular wave　不规则波　04.223

irrotational flow　无旋流　04.083

irrotational wave　无旋波　03.081

isentropic flow　等熵流　04.175

I-shape beam　工字梁　01.638

isochromatic　等差线, * 等色线　03.469

isochronism　等时性　01.266

isochronous pendulum　等时摆　01.267

isocline method　等倾线法　02.050

isoclinic　等倾线　03.470

isolated system　孤立系　01.243

isopachic　等和线, * 等厚线　03.471

isoparametric element　等参[数]元　03.577

isoparametric mapping　等参数映射　03.622

isostatic　主应力迹线　03.473

isotropic elasticity　各向同性弹性　03.010

isotropic hardening　各向同性强化, * 各向同性硬化　03.160

isotropic tensor 各向同性张量 05.020

isotropy 各向同性 01.394

itinerary 路径 01.122

J

Jaumann derivative 共旋导数 05.027

jerk 加加速度 01.143

jet 射流 04.295

J-integral J 积分 03.347

joint 接头 01.659

joint forces 结点力 03.235

joint reaction force 关节反作用力 05.350

journal bearing 颈轴承 01.102

J-resistance curve J 阻力曲线 03.348

Julia set 茹利亚集[合] 05.475

jump 突跳 05.583

jump phenomenon 跳跃现象 02.051

K

KAM theorem KAM 定理 05.446

KAM torus KAM 环面 05.443

Kane method 凯恩方法 02.115

Kaplan-Yorke conjecture 卡普兰-约克猜想 05.472

Karman vortex street 卡门涡街 04.053

KBM method KBM 方法 02.055

KdV equation KdV 方程 04.456

Kelvin body 开尔文体 05.342

Kelvin problem 开尔文问题 03.013

Kelvin theorem 开尔文定理 04.016

Kepler law 开普勒定律 01.308

kinematical equation 运动学方程 01.157

kinematically admissible field 运动容许场, * 机动容许场 03.196

kinematical viscosity 运动粘度 01.418

kinematic analysis 机动分析 03.232

kinematic hardening 随动强化, * 随动硬化 03.159

kinematics 运动学 01.005

kinematic shake-down theorem 运动安定定理 03.103

kinematic similarity 运动相似 04.111

kinematic viscosity 运动粘性 04.302

kinetic energy 动能 01.289

kinetic friction 动摩擦 01.062

kinetics 动理学 01.007

kinetic viscosity 动力粘度 01.419

kineto-statics 动态静力学 01.315

kink 折裂 03.312

Kirchhoff hypothesis 基尔霍夫假设 03.017

kneading transformation 揉面变换 05.551

Koch curve 科赫曲线 05.476

Koch island 科赫岛 05.469

Kolmogorov-Arnol'd-Moser theorem KAM 定理 05.446

Kolmogorov-Sinai entropy KS[动态]熵 05.471

Kolosoff-Muskhelishvili method 克罗索夫-穆斯赫利什维利法 03.016

koniscope 计尘仪 05.373

Krylov-Bogoliubov-Mitropol'skii method KBM 方法 02.055

KS entropy KS[动态]熵 05.471

Kutta-Zhoukowski condition 库塔-茹可夫斯基条件 04.018

L

laboratory [coordinate] system 实验室[坐标]系 01.245

lag 滞后 04.331

Lagrange bracket 拉格朗日括号 02.004

Lagrange element 拉格朗日元 03.581

Lagrange equation of the first kind 第一类拉格朗日方程 01.365

Lagrange equation [of the second kind] [第二

类]拉格朗日方程　01.364

Lagrange family　拉格朗日族　03.582

Lagrange multiplier　拉格朗日乘子　02.002

Lagrange turbulence　拉格朗日湍流　05.496

Lagrangian　拉格朗日[量]　02.003

Lagrangian function　拉格朗日函数　02.019

laminar boundary layer　层流边界层　04.344

laminar flame　层流火焰　05.180

laminar flow　层流　04.286

laminar separation　层流分离　04.310

laminate　层板　03.259

Lamé constants　拉梅常量　03.009

landslide　滑坡　05.399

large deflection　大挠度　03.064

large eddy simulation　大涡模拟　04.460

large scale yielding　大范围屈服　03.370

laser Doppler anemometer　激光多普勒测速计　04.397

laser Doppler velocimeter　激光多普勒测速计　04.397

laser-induced explosion　激光爆炸　05.255

Laval nozzle　拉瓦尔喷管　04.181

law of conservation of energy　能量守恒定律　01.302

law of conservation of mass　质量守恒定律　01.173

law of conservation of mechanical energy　机械能守恒定律　01.300

law of conservation of moment of momentum　动量矩守恒定律　01.263

law of conservation of momentum　动量守恒定律　01.238

law of universal gravitation　万有引力定律　01.307

Lax equivalence theorem　拉克斯等价定理　04.458

Lax-Wendroff scheme　拉克斯-温德罗夫格式　04.517

leading edge vortex　前缘涡　04.155

leap-frog scheme　蛙跳格式　04.518

least square method　最小二乘法　03.526

LEFM　线弹性断裂力学　03.297

Levy method　莱维法　03.040

Levy-Mises relation　莱维-米泽斯关系　03.208

lift force　升力，＊举力　01.427

light fringe　亮条纹　03.474

light gas gun　轻气炮　05.268

limit analysis　极限分析　03.171

limit cycle　极限环　05.537

limit design　极限设计　03.172

limiting velocity　极限速度　01.226

limit load　极限载荷　03.120

limit surface　极限面　03.173

linear elastic fracture mechanics　线弹性断裂力学　03.297

linear element　线性元　03.574

linear strain-hardening　线性强化，＊线性硬化　03.157

line of action　作用线　01.024

liquefaction of sand　沙土液化　05.094

liquid-gas flow　液-气流　05.109

liquid-solid flow　液-固流　05.110

liquid-vapor flow　液体-蒸气流　05.111

lithostatic stress　岩层静态应力　05.060

live load　活载[荷]　01.541

Li-Yorke chaos　李-约克混沌　05.440

Li-Yorke theorem　李-约克定理　05.439

load　载荷，＊荷载　01.537

load factor　载荷因子　03.107

loading　加载　01.545

loading criterion　加载准则　03.108

loading function　加载函数　03.109

loading surface　加载面　03.110

load vector　载荷矢量　03.594

local coordinate　局部坐标　03.605

local coordinate system　局部坐标系　03.604

local derivative　当地导数　05.053

localized stress　局部应力　01.509

local Mach number　当地马赫数　04.187

local similarity　局域相似　04.333

Lode strain parameter　洛德应变参数　03.211

Lode stress parameter　洛德应力参数　03.207

logarithmic strain　对数应变　03.135

logistic map[ping]　逻辑斯谛映射　05.541

longitudinal stress　纵向应力　01.505

longitudinal wave　纵波　01.451

Lorenz attractor　洛伦茨吸引子　05.441

Lotka-Volterra equation　洛特卡－沃尔泰拉方程　05.579

Love wave　勒夫波　03.086

low cycle fatigue　低周疲劳　03.397

lower bound theorem　下限定理　03.176

lower yield point　下屈服点　03.177

low-speed aerodynamics　低速空气动力学　04.128

lugeon　吕荣　05.061

lumped mass matrix　集总质量矩阵　03.596

lumped parameter system　集总参量系统　02.047

Lyapunov dimension　李雅普诺夫维数　05.480

Lyapunov exponent　李雅普诺夫指数　05.478

Lyapunov function　李雅普诺夫函数　02.026

M

Mach angle　马赫角　04.182

Mach cone　马赫锥　04.183

Mach line　马赫线　04.184

Mach number　马赫数　04.185

Mach reflection　马赫反射　05.269

Mach wave　马赫波　04.186

MAC method　标记网格法　04.486

macromechanics　宏观力学　01.008

macroscopic damage　宏观损伤　03.384

macroscopic mechanics　宏观力学　01.008

magneto fluid mechanics　磁流体力学　05.333

magnetohydrodynamic flow　磁流体流　05.336

magnetohydrodynamics　磁流体动力学　05.334

magnetohydrodynamic stability　磁流体动力稳定性　05.337

magnetohydrodynamic wave　磁流体动力波　05.335

Magnus effect　马格努斯效应　05.097

Mandelbrot set　芒德布罗集[合]　05.479

maneuverability　机动性　02.114

manometer　压强计　04.390

many-body problem　多体问题　01.313

map[ping]　映射　05.540

marine hydrodynamics　海洋水动力学　04.245

marker and cell method　标记网格法　04.486

mass matrix　质量矩阵　03.595

mass point　质点　01.111

mass transfer　质量传递, * 传质　04.429

mass transfer coefficient　传质系数　04.430

master equation　主[宰]方程　05.519

material derivative　随体导数, * 物质导数　04.023

material of differential type　微分型物质　05.004

material of integral type　积分型物质　05.005

material point　质点　01.111

Mathieu equation　马蒂厄方程　02.056

matrix displacement method　矩阵位移法　03.246

maximum normal strain　最大法向应变　01.532

maximum normal strain theory　最大法向应变理论　01.615

maximum normal stress　最大法向应力　01.512

maximum normal stress theory　最大法向应力理论　01.614

maximum shear stress　最大剪应力　01.514

maximum shear stress theory　最大剪应力理论　01.616

Maxwell model　麦克斯韦模型　05.296

mean velocity　平均速度　01.131

mechanical admittance　机械导纳　02.089

mechanical efficiency　机械效率　02.090

mechanical energy　机械能　01.299

mechanical impedance　机械阻抗　02.091

mechanical motion　力学运动, * 机械运动　01.112

mechanical strain gage　机械式应变仪　03.437

mechanical system　力学系统　01.366

mechanical vibration　机械振动　01.324

mechanical wave　机械波　01.459

mechanical work　机械功　01.293

mechanics 力学 01.001

mechanics of composites 复合材料力学 03.253

mechanics of continuous media 连续介质力学 04.002

mechanics of explosion 爆炸力学 05.246

mechanics of granular media 散体力学 03.053

mechanics of materials 材料力学 01.496

medium 介质 04.003

Mel′nikov integral 梅利尼科夫积分 05.580

membrane analogy 薄膜比拟 01.690

membrane force 膜力 01.652

memory function 记忆函数 05.304

Meshcherskii formula 密歇尔斯基公式 01.259

mesh generation 网格生成 03.650

mesh refinement 网格细化 03.654

mesomechanics 细观力学 01.009

metacenter 定倾中心 04.089

metal forming 金属成形 03.091

method of characteristics 特征线法 04.487

method of joints 结点法 03.233

method of lines 直线法 04.488

method of sections 截面法 03.234

metric entropy 度规熵 05.491

MHD 磁流体动力学 05.334

microcrack 微裂纹 03.311

microcyclic mechanics 微循环力学 05.351

microfibril 微纤维 05.352

micromanometer 微压计 04.391

micromechanics 微观力学 01.010

micro-penetration hardness 显微硬度 01.579

micropolar theory 微极理论 05.008

microscopic damage 细观损伤 03.385, 微观损伤 03.386

microscopic damage mechanics 细观损伤力学 03.380

microscopic mechanics 微观力学 01.010

microslip 微滑 03.061

mid-side node 边节点 03.555

minimization of band width 带宽最小化 03.631

minimum normal stress 最小法向应力 01.513

miscible displacement 互溶驱替 05.190

miscible fluid 互溶流体 05.191

Mises yield criterion 米泽斯屈服准则 03.204

mixed element 混合元 03.538

mixed method 混合法 03.531

mixed mode 复合型 03.343

mixing layer 混合层 05.241

mobility 迁移率 05.192

mobility ratio 流度比 05.193

modal analysis 模态分析 02.074

mode of vibration 振动模态, * 振型 01.357

mode superposition method 模态叠加法 03.645

modified differential equation 修正微分方程 04.457

modified variational principle 修正变分原理 03.529

modulus 模量 01.553

modulus of elasticity 弹性模量 01.554

Mohr circle 莫尔圆 01.589

moiré fringe [叠栅]云纹, * 叠栅条纹 03.508

moiré interferometry 云纹干涉法 03.507

moiré method [叠栅]云纹法 03.509

moiré pattern 云纹图 03.510

molecular diffusion 分子扩散 04.446

moment arm of force 力臂 01.047

moment distribution 力矩分配 03.242

moment distribution method 力矩分配法 03.243

moment method 矩量法 04.489

moment of area 面矩 01.050

moment of couple 力偶矩 01.049

moment of force 力矩 01.048

moment of inertia 转动惯量 01.272

moment of momentum 动量矩 01.261

moment redistribution 力矩再分配 03.244

momentum 动量 01.236

momentum balance 动量平衡 05.044

momentum equation 动量方程 04.028

momentum thickness 动量厚度 04.351

momentum transfer 动量交换 04.435

moment vector 矩矢[量] 01.052

moment vector of couple　力偶矩矢　01.053

monotone difference scheme　单调差分格式　04.519

monotonicity preserving difference scheme　保单调差分格式　04.520

monotonic loading　单调加载　01.546

motion of rigid-body with a fixed point　刚体定点运动　01.170

moving centrode　动瞬心迹　01.194

moving load　移动载荷　01.544

moving reference system　动参考系　01.115

mud flow　泥流　05.095

multibody system　多体系统　02.112

multi-fractal　多重分形　05.492

multi-grid method　多重网格法　04.490

multiphase flow　多相流　05.096

multiple manometer　多管压强计　04.393

multiple scale problem　多重尺度问题　04.453

multiple singularity　多重奇点　05.528

multiple steady state　多重定态　05.529

multi-rigid-body system　多刚体系统　02.113

Murman-Cole scheme　穆曼-科尔格式　04.521

mushroom　蘑菇云　05.277

musical quality　音色　01.468

N

natural boundary condition　自然边界条件　03.542

natural convection　自由对流　04.426

natural frequency　固有频率　01.336

natural mode of vibration　固有模态，* 固有振型　02.075

natural vibration　固有振动　02.033

Navier-Stokes equation　纳维-斯托克斯方程　04.338

near field flow　近场流　04.289

necking　颈缩　01.580

negative damping　负阻尼　02.052

netting analysis　网格分析法　03.289

neutral axis　中性轴　01.593

neutral equilibrium　中性平衡　01.330

neutral loading　中性变载　03.121

neutral surface　中性面　01.594

Newmark β-method　纽马克 β 法　03.636

Newton first law　牛顿第一定律　01.214

Newtonian fluid　牛顿流体　04.339

Newtonian mechanics　牛顿力学　01.002

Newton-Raphson method　牛顿-拉弗森法　03.639

Newton second law　牛顿第二定律　01.215

Newton third law　牛顿第三定律　01.216

nodal displacement　节点位移　03.591

nodal load　节点载荷　03.592

nodal point　节点　03.552

node　节点　03.552，结点　05.533

nodeless variable　无节点变量　03.557

node number　节点号　03.626

Noether theorem　诺特定理　02.020

noise　噪声　05.228

noise level　噪声级　05.229

noise pollution　噪声污染　05.230

nominal strain　名义应变　01.535

nominal stress　名义应力　03.126

non-conforming element　非协调元　03.537

non-destructive inspection　无损检测　03.363

non-equilibrium flow　非平衡流[动]　04.138

nonholonomic constraint　非完整约束　01.375

nonholonomic system　非完整系　01.377

noninertial system　非惯性系统　01.322

nonlinear dynamics　非线性动力学　05.422

nonlinear elasticity　非线性弹性　03.063

nonlinear instability　非线性不稳定性　04.462

nonlinear Schrödinger equation　非线性薛定谔方程　05.464

nonlinear vibration　非线性振动　05.430

nonlinear wave　非线性波　04.232

nonlocal theory　非局部理论　05.015

non-Newtonian fluid　非牛顿流体　05.128

non-Newtonian fluid mechanics　非牛顿流体力学　05.127

nonreflecting boundary condition　无反射边界条件　04.470

non−slip condition　无滑移条件　04.325
non−steady flow　非定常流　04.078
nonuniform flow　非均匀流　04.074
nonviscous fluid　无粘性流体　04.005
normal acceleration　法向加速度　01.149
normal coordinate　简正坐标　01.363
normal frequency　简正频率　01.358
normal mode　简正模[态]　01.362
normal mode of vibration　简正振动　01.359
normal shock wave　正激波　04.190
normal strain　法向应变　01.526
normal stress　法向应力　01.498
normal vibration　简正振动　01.359
nozzle　喷管　04.167
nuclear explosion　核爆炸　05.256

nucleation　成核　04.451
null−force system　零力系　01.033
numerical boundary condition　数值边界条件　04.471
numerical diffusion　数值扩散　04.546
numerical dispersion　数值色散　04.548
numerical dissipation　数值耗散　04.547
numerical flux　数值通量　04.549
numerical grid generation　数值网格生成　04.543
numerical simulation　数值模拟　04.459
numerical viscosity　数值粘性　04.461
Nusselt number　努塞特数　04.420
nutation　章动　01.284

O

oblique bending　斜弯曲　01.670
oblique impact　斜碰　01.249
oblique shock wave　斜激波　04.191
ocean circulation　海洋环流　05.206
ocean current　海洋流　05.207
ocean wave　海洋波　05.220
octahedral shear strain　八面体剪应变　01.618
octahedral shear stress　八面体剪应力　01.619
octahedral shear stress theory　八面体剪应力理论　01.617
off−plane moiré method　离面云纹法　03.511
oil film visualization　油膜显示　04.365
oil smoke visualization　油烟显示　04.362
oil whip　油膜振荡　02.129
Oldroyd model　奥伊洛特模型　05.299
one−dimensional element　一维元　03.562
one−tangent node　单切结点　05.536
open channel flow　明槽流　04.261
opening mode　张开型　03.341
optical path difference　光程差　03.475
optimum weight design　最小重量设计　03.288
orbit　轨道　01.121

orbital stability　轨道稳定性　02.025
orifice flow　孔流　04.262
orifice meter　孔板流量计　04.363
Orr−Sommerfeld equation　奥尔−索末菲方程　04.280
orthotropy　正交各向异性　03.279
oscillation　振动　01.323
oscillatory flow　振荡流　04.081
oscillatory shear flow　振荡剪切流　05.317
Oseen flow　奥辛流　04.283
osmotic flow　渗透流　05.361
outflow boundary condition　流出边界条件　04.472
outlet　出口　04.100
out−of−phase component　非同相分量　02.040
overdamping　过阻尼　01.349
overhanging beam　外伸梁　01.628
overloading effect　过载效应　03.419
over pressure　超压[强]　04.203
overshoot　超调量，* 过冲　02.041
over−stress　过应力　03.127
overweight　超重　01.229

P

panel method　板块法　04.491

parabolic arch　抛物线拱　03.219

parabolic umbilic　抛物脐[型突变]　05.571

parallel axis theorem　平行轴定理　01.274

parallel forces　平行力　01.087

parallelogram rule　平行四边形定则　01.030

parametric vibration　参量[激励]振动　02.042

Paris formula　帕里斯公式　03.373

partial similarity　部分相似　04.373

particle　质点　01.111

particle in cell method　质点网格法　04.492

particle method　质点法　04.493

particulate composite　颗粒复合材料　03.258

Pascal law　帕斯卡定律　01.407

passive earth pressure　被动土压力　05.089

patch test　小块检验　03.624

path　路径　01.122,　路程　01.123,　迹线
　04.038

path-dependency　路径相关性　03.156

path line　迹线　04.038

p-convergence　p 收敛　03.619

pendulum　摆　01.264

penetration　侵彻　05.278

penetration resistance　贯入阻力　05.093

penny-shape crack　[钱]币状裂纹　03.315

percolation path　逾渗通路　05.510

percolation threshold　逾渗阈[值]　05.511

perfect elastic collision　完全弹性碰撞　01.253

perfect gas　完全气体　04.180

perfect inelastic collision　完全非弹性碰撞
　01.255

perfectly plastic material　理想塑性材料
　03.150

perforation　穿透　03.099

period doubling bifurcation　倍周期分岔
　05.552

periodic flow　周期流　04.080

periodicity　周期性　01.341

permanent deformation　永久变形　03.145

permeability　渗透率　05.194,　渗透性
　05.353

perturbation　摄动　01.314,　扰动
　04.101

phase　相[位]　01.339

phase angle　相角　01.338

phase difference　相[位]差　01.340

phase-locking　锁相　05.432

phase plane method　相平面法　02.048

phase space　相空间　01.379

phase trajectory　相轨迹　02.049

phase velocity　相速　01.493

phonometer　声强计　01.466

photoelastic coating method　光弹性贴片法
　03.477

photoelasticity　光弹性　03.461

photoelastic sandwich method　光弹性夹片法
　03.478

photomechanics　光[测]力学　03.460

photoplasticity　光塑性　03.462

photo-thermo-elasticity　热光弹性　03.476

phugoid motion　起伏运动　02.098

phugoid oscillation　起伏振荡　02.099

physical components　物理分量　05.048

physical domain　物理区域　04.527

physical mechanics　物理力学　01.020

physical oceanography　物理海洋学　05.204

physical solution　物理解　04.532

physico-chemical hydrodynamics　物理化学流
　体力学　05.140

physiological cross-sectional area　生理横截面
　积　05.354

PIC method　质点网格法　04.492

pipe flow　管流　04.297

pitch　俯仰　01.208,　音调　01.469

pitchfork bifurcation　叉式分岔　05.559

pi theorem　π 定理　04.374

Pitot-static tube　风速管　04.396

Pitot tube　皮托管　04.385

pivot bearing　枢轴承　01.103

planar hinge　平面铰　01.108

planar motion　平面运动　01.188

plane bending　平面弯曲　01.671

plane cross-section assumption 平截面假定 01.674

plane flow 平面流 04.113

plane strain 平面应变 01.588

plane stress 平面应力 01.587

planetary boundary layer 行星边界层 05.321

plane wave 平面波 01.454

plasma dynamics 等离[子]体动力学 05.319

plastic deformation 塑性形变 01.397

plastic hinge 塑性铰 01.651

plasticity 塑性力学 03.089

plastic limit bending moment 塑性极限弯矩 03.163

plastic limit torque 塑性极限扭矩 03.164

plastic loading 塑性加载 03.111

plastic loading wave 塑性加载波 03.112

plastic potential 塑性势 03.189

plastic section modulus 塑性截面模量 01.599

plastic strain increment 塑性应变增量 03.143

plastic wave 塑性波 03.195

plastic zone 塑性区 03.357

plate 板 03.018

plate element 板元 03.565

plate of moderate thickness 中厚板 03.024

plume 羽流, * 缕流 05.224

ply 层片 03.263

ply strain 层应变 03.272

ply stress 层应力 03.271

pneumatic transport 气力输运 05.117

Poincaré map 庞加莱映射 05.547

Poincaré section 庞加莱截面 05.548

Poinsot motion 潘索运动 01.288

point collocation 配点法 03.523

point of action 作用点 01.023

point-source explosion 点爆炸 05.257

poise 泊 04.304

Poiseuille flow 泊肃叶流 04.282

Poiseuille-Hartman flow 泊肃叶-哈特曼流 05.323

Poiseuille law 泊肃叶定律 01.408

Poisson bracket 泊松括号 02.021

Poisson ratio 泊松比 01.557

polar decomposition 极分解 05.040

polarizer 起偏镜 03.482

polar moment of inertia 极惯性矩 01.596

polar vector 极矢[量] 01.212

polhode * 本体瞬心迹 01.194

pollutant diffusion 污染物扩散 05.227

pollutant source 污染源 05.226

polychromatic percolation 多色逾渗 05.514

porosity 孔隙率 05.072, 孔隙度 05.195

porous medium 多孔介质 05.196

position vector 位置矢量, * 位矢 01.117

post-buckling 后屈曲 01.695

post-processing 后处理 03.653

potential 势 04.114

potential energy 势能 01.602

potential flow 势流 04.115

potential force 有势力 01.181

potential function 势函数 01.295

power 功率 01.294

power hardening 幂强化 03.162

power law fluid 幂律流体 05.129

power law model 幂律模型 05.300

PRA 概率风险判定 03.376

Prandtl-Meyer flow 普朗特-迈耶流 04.168

Prandtl number 普朗特数 04.421

Prandtl-Reuss relation 普朗特-罗伊斯关系 03.205

pre-buckling 前屈曲 01.694

precession 进动, * 旋进 01.285

precrack 预制裂纹 03.316

predator-prey model 猎食模型, * 猎物-捕食者模型 05.433

predictor-corrector method 预估校正法 04.494

preimage 原象 05.424

pre-processing 前处理 03.652

pressure 压强 01.423, 压力 01.424

pressure drag 压差阻力 04.321

pressure drop 压[力]降 04.320

pressure energy 压力能 04.322

pressure flow 有压流 04.264

pressure gage 压强表 04.392

pressure head 压[强水]头 04.259

pressure tap 测压孔 04.384

pressure transducer　压强传感器　04.404

Preston tube　普雷斯顿管　04.386

prevailing wind　盛行风　05.374

primary consolidation　主固结　05.081

primitive element　本原元　05.049

principal axis　主轴　01.592

principal axis of inertia　惯量主轴　01.278

principal moment　主矩　01.055

principal moment of inertia　主转动惯量
01.277

principal shear strain　主剪应变　01.534

principal shear stress　主剪应力　01.516

principal strain　主应变　01.533

principal stress　主应力　01.515

principal stress space　主应力空间　03.133

principal vector　主矢[量]　01.054

principle of determinism　决定性原理　05.009

principle of equipresence　等存在原理　05.010

principle of least action　最小作用[量]原理
01.388

principle of local action　局部作用原理
05.011

principle of objectivity　客观性原理　05.012

principle of removal of constraint　解除约束原
理　01.081

principle of rigidization　刚化原理　01.098

probabilistic fracture mechanics　概率断裂力学
03.295

probabilistic risk assessment　概率风险判定
03.376

product of inertia　惯性积　01.275

profile drag　型阻　04.323

profile matrix　变带宽矩阵　03.630

progressive wave　前进波　01.453

projectile motion　抛体运动　01.167

projection method　投影法　04.495

propagation　传播　04.103

proportional limit　比例极限　01.563

proportional loading　比例加载　03.114

pseudoplastic fluid　拟塑性流体　05.130

pseudoregular precession　赝规则进动　01.287

pseudo-spectral method　准谱法　04.496

pulley　滑轮　01.104

pulsed holography　脉冲全息法　03.491

pulse load　脉冲载荷　03.119

pure bending　纯弯曲　01.669

purely mechanical material　纯力学物质
05.003

Q

quadratic element　二次元　03.573

quadrilateral element　四边形元　03.569

quality factor　品质因数　01.356

quartic element　四次元　03.576

quasi-cleavage fracture　准解理断裂　03.305

quasi-Newton method　拟牛顿法　03.638

quasi-oscillation　准周期振动　05.584

quasi-static　准静态的　03.071

quasi-steady flow　准定常流　04.077

R

radial acceleration　径向加速度　01.144

radial velocity　径向速度　01.133

radiative heat transfer　辐射传热　04.434

radius of gyration　回转半径　01.273

radius vector　径矢，＊矢径　01.119

random choice method　随机选取法　04.497

random fatigue　随机疲劳　03.399

random vibration　随机振动　02.092

Rankine-Hugoniot condition　兰金-于戈尼奥
条件　04.177

rapidly varied flow　急变流　04.268

rarefaction wave　稀疏波　04.165

rarefied gas dynamics　稀薄气体动力学
05.139

rate dependent theory　率相关理论　03.105

rate independent theory　率无关理论　03.106

rate of sand transporting　输沙率　05.375

rational mechanics　理性力学　01.019

Rayleigh–Bénard instability 瑞利–贝纳尔不稳定性 05.499

Rayleigh damping 瑞利阻尼 03.599

Rayleigh flow 瑞利流 04.169

Rayleigh number 瑞利数 04.213

Rayleigh–Ritz method 瑞利–里茨法 03.038

Rayleigh theorem 瑞利定理 02.071

Rayleigh wave 瑞利波 03.084

reacting force 反作用力 01.059

reaction at support 支座反力 01.060

reaction–diffusion equation 反应扩散方程 05.463

real–time holographic interferometry 实时全息干涉法 03.493

reattachment 再附 04.314

recoil 反冲 01.241

rectangular plate 矩形板 03.019

rectangular rosette 直角应变花 03.438

rectilinear motion 直线运动 01.163

reduced frequency 简约频率 05.245

reduced integration 降阶积分 03.617

reduced mass 简化质量, * 约化质量 01.311

reduction of force system 力系的简化, * 力系的约化 01.026

redundant reaction 赘余反力 01.550

reference bridge 基准电桥 03.452

reference configuration 参考构形 05.042

reference grating 参考栅 03.512

reference system 参考系 01.113

reflection 反射 04.197

reflection polariscope 反射式光弹性仪 03.483

refraction 折射 04.198

regular precession 规则进动 01.286

regular reflection 规则反射 05.279

regular wave 规则波 04.222

reinforced plate 加劲板 03.023

relaminarization 再层流化 04.315

relative acceleration 相对加速度 01.153

relative motion 相对运动 01.162

relative velocity 相对速度 01.138

relative viscosity 相对粘度 05.308

relaxation 松弛 03.041

relaxation method 松弛法 03.039

Renyi entropy 雷尼熵 05.482

Renyi information 雷尼信息 05.483

repeated loading 重复加载 01.547

repellor 排斥子 05.455

repetition distance 重演距离 05.376

residual birefringent effect 残余双折射效应 03.484

residual shear strength 残余抗剪强度 05.067

residual strain 残余应变 01.530

residual stress 残余应力 01.510

resistance 阻力 04.090

resistance strain gage 电阻应变计 03.453

resolution of force 力的分解 01.041

resolution of velocity 速度[的]分解 01.127

resonance 共振 01.352, 共鸣 01.487

resonant frequency 共振频率 01.353

response frequency 响应频率 04.414

response functional 响应泛函 05.043

resultant couple 合力偶 01.046

resultant force 合力 01.040

resultant velocity 合速度 01.130

reverse flow 反流 04.294

revolutionary shell 旋转壳 03.028

Reynolds analogy 雷诺比拟 04.422

Reynolds number 雷诺数 04.021

rheology 流变学 05.282

rheometer 流变仪 05.138

rheometry 流变测量学 05.134

rheopectic fluid 触稠流体 05.131

rheopexy 震凝性 05.135

Richardson number 理查森数 05.225

Riemann solver 黎曼解算子 04.534

rigid body 刚体 01.028

rigid body motion 刚体运动 01.169

rigid–perfectly plastic material 理想刚塑性材料 03.148

rigid–plastic material 刚塑性材料 03.149

ring 环 01.653

ripple 涟漪 04.243

Ritz method 里茨法 03.524

Rivlin–Ericksen tensor 里夫林–埃里克森张量 05.017

robot dynamics 机器人动力学 02.111

rocket 火箭 01.260

rock mechanics　岩石力学　05.054

Rockwell hardness　洛氏硬度　01.578

roll　侧滚　01.209

roll cell　卷筒涡胞　04.056

roller　滚柱　01.110

rolling contact　滚动接触　03.049

rolling friction　滚动摩擦　01.063

roll pattern　卷筒图型　05.517

Rossby number　罗斯贝数　05.215

Rossby wave　罗斯贝波　05.216

Rössler equation　勒斯勒尔方程　05.447

rotating arm basin　旋臂水池　04.382

rotating circular disk　旋转圆盘　03.011

rotating flow　旋转流　05.208

rotation　转动　01.186

rotational flow　有旋流　04.084

rotation around a fixed point　定点转动　01.198

rotor critical speed　转子临界转速　02.130

rotor dynamics　转子[系统]动力学　02.116

rotor-support-foundation system　转子[-支承-基础]系统　02.117

roughness　粗糙度　03.062

Routh equation　劳斯方程　02.018

Ruelle-Takens route　吕埃勒-塔肯斯道路　05.436

rule of mixture　混合律　03.290

running fire　狂燃火　05.413

rupture　破裂　01.581

rustiness　硬皮度　05.357

S

saddle-node bifurcation　鞍结分岔　05.560

saddle [point]　鞍点　05.539

safe life　安全寿命　03.418

safety factor　安全系数　01.585

safety margin　安全裕度　01.586

Saint-Venant principle　圣维南原理　01.708

salinity　盐度　05.221

saltation　跃移[运动]　05.377

saltation load　跃移质　05.378

saltation velocity　跃动速度　05.126

sand heap analogy　沙堆比拟　03.183

sand ripple　沙波纹　05.379

sand shadow　沙影　05.380

sand storm　沙暴　05.381

sandwich beam　夹层梁　01.637

sandwich panel　夹层板　03.260

scale effect　尺度效应　04.409

scattering　散射　04.199

schlieren method　纹影法　04.367

Schmidt number　施密特数　04.423

Schuler period　舒勒周期　02.110

secant stiffness matrix　割线刚度矩阵　03.644

secondary bifurcation　次级分岔　05.561

secondary consolidation　次固结　05.082

secondary flow　二次流　04.288

secondary time effect　次时间效应　05.092

secondary wavelet　次级子波　01.462

second cosmic velocity　第二宇宙速度　01.233

second normal-stress difference　第二法向应力差　05.313

section modulus　截面模量　01.597

sector velocity　＊扇形速度　01.135

secular instability　久期不稳定性　02.029

secular term　久期项　02.064

sediment　沉积物　04.275

sedimentation　沉[降堆]积　04.276

sediment-laden stream　含沙流　04.273

seepage　渗流　05.182

seepage force　渗流力　05.076

segregation potential　分凝势　05.398

[self-]adaptive mesh　[自]适应网格　04.540

self-alignment　自动定心　02.131

self-cxcited vibration　自激振动, ＊自振　02.065

self-organization　自组织　05.525

self-similarity　自相似[性]　03.043

self-similar solution　自相似解　05.523

self-temperature compensating gage　温度自补偿应变计　03.454

semi-analytical method　半解析法　03.535

semiconductor strain gage　半导体应变计　03.455

semi-implicit scheme 半隐格式 04.522

semi-inverse method 半逆解法 03.037

sensitivity to initial state 初态敏感性 05.462

sensor 传感器 04.403

SEN specimen 单边缺口试件 03.365

separated flow 分离流 04.287

separation point 分离点 04.312

separatrix 分界线 02.066

serendipity element 巧凑边点元 03.583

serendipity family 巧凑边点族 03.584

settling velocity 沉降速度 04.277

shadow method 阴影法 04.366

shaft [转]轴 01.656

shake-down theory 安定[性]理论 03.102

shallow shell 扁壳 03.027

shallow water wave 浅水波 04.224

shape factor 形状因子 04.358

shape factor of cross-section 截面形状因子 03.182

shape function 形状函数 03.611

Sharkovskii sequence 沙尔科夫斯基序列 05.542

shear 剪切 01.684

shear band 剪切带 03.361

shear center 剪[切中]心 ·01.685

shear flow 剪切流 04.284

shear force 剪力 01.678

shear force diagram 剪力图 01.679

shear lag analysis 剪滞分析 03.280

shear layer 剪切层 04.307

shear lip 剪切唇 03.362

shear modulus 剪[切]模量 01.401

shearography 错位散斑干涉法 03.504

shear strain 剪[切]应变 01.525

shear stress 剪[切]应力 01.499

shear thickening 剪切致稠 05.288

shear thinning 剪切致稀 05.289

shear wave 剪切波 01.400

shell 壳 03.026

shell element 壳元 03.566

shifting sand 流沙 05.382

shimmy 摆振 02.097

ship wave 船波 04.231

shock-capturing method 激波捕捉法 04.498

shock-fitting method 激波拟合法 04.499

shock front 激波阵面 04.194

shock layer 激波层 04.195

shock tube 激波管 04.378

shock tube wind tunnel 激波管风洞 04.379

shock wave 冲击波 04.188, 激波 04.189

short crack 短裂纹 03.317

Sierpinski gasket 谢尔平斯基镂垫 05.481

Sierpinski sponge 谢尔平斯基海绵 05.477

similarity law 相似律 04.372

similarity theory 相似理论 04.371

similar solution 相似性解 04.332

simple harmonic motion 简谐运动 01.331

simple harmonic oscillation 简谐振荡 01.332

simple harmonic vibration 简谐振动 01.332

simple harmonic wave 简谐波 01.458

simple loading 简单加载 03.113

simple material 简单物质 05.002

simple pendulum 单摆 01.265

simple singularity 简单奇点 05.535

simple wave 简单波 03.076

simply supported 简支 01.624

simply supported beam 简支梁 01.625

sine-Gorden equation 正弦戈登方程 05.468

single-component flow 单组份流 04.072

single edge notched specimen 单边缺口试件 03.365

single hump map[ping] 单峰映射 05.553

single phase flow 单相流 04.071

singularity 奇点 05.527

singular perturbation 奇异摄动, * 奇异扰动 05.467

singular surface 奇异面 05.045

sink 汇 04.121

siphon 虹吸 01.434

skew-upstream scheme 斜迎风格式 04.523

skin friction 壁剪应力 04.326

slaving principle 役使原理 05.520

slender body 细长体 04.139

slenderness 细长度 04.140

slenderness ratio 长细比 01.643

sliding 滑动 03.060

sliding contact 滑动接触 03.048

sliding friction 滑动摩擦 01.065

sliding mode　滑开型　03.340

sliding vector　滑移矢[量]　01.097

slip-lines　滑移线　03.200

slip-lines field　滑移线场　03.201

slip ring　集流器,＊滑环　03.456

slip velocity　滑移速度　04.324

slit　割缝　03.310

slow variable　慢变量　05.516

slurry　浆体　04.336

Smale horseshoe　斯梅尔马蹄　05.437

small scale yielding　小范围屈服　03.371

small vibration　小振动　01.325

smoke wire method　烟丝法　04.368

smolder　阴燃　05.406

snap-through　突弹跳变,＊突跳　03.065

snow-driving wind　风雪流　05.366

snow load　雪载[荷]　03.224

snowstorm　雪暴　05.402

softening spring　软弹簧　02.068

soft excitation　软激励　02.069

soft spring　软弹簧　02.068

soil dynamics　土动力学　05.090

soil mechanics　土力学　05.068

solid mechanics　固体力学　01.012

solitary wave　孤[立]波　05.466

soliton　孤立子　04.233

sonar　声呐　01.486

sound　声[音]　01.464

sound level　声级　01.470

sound pressure　声压[强]　01.471

sound source　声源　01.472

sound velocity　声速　01.482

sound wave　声波　01.480

source　源　04.120

space structure　空间结构　03.222

space truss　空间桁架　03.223

spallation　崩落　05.280

spalling　层裂　03.100

spanning cluster　跨越集团　05.526

spatial filtering　空间滤波　03.480

spatial frequency　空间频率　03.481

specific elongation　延伸率　01.573

specific gravity　比重　01.091

specific strength　比强度　03.274

specific surface　比面　05.197

specific weight　比重　01.091

specimen grating　试件栅　03.513

speckle　散斑　03.503

specklegram　散斑图　03.505

speckle interferometry　散斑干涉法　03.502

speckle-shearing interferometry　错位散斑干涉法　03.504

spectral method　谱方法　04.500

speed　速率　01.125

spherical hinge　球铰　01.109

spherical pendulum　球面摆　01.269

spherical shell　球壳　03.029

spherical tensor of strain　应变球张量　03.154

spherical tensor of stress　应力球张量　03.155

spherical wave　球面波　01.455

spin glass　自旋玻璃　05.504

spiral flow　螺旋流　05.238

spline function　样条函数　03.615

split coefficient matrix method　稀疏矩阵分解法　04.501

spotting　飞火　05.408

spring　弹簧　01.657

springback　回弹　03.096

spring constant　弹簧常量　01.658

spring support　弹簧支座　03.228

stability　稳定性　01.326

stability criterion　稳定性判据　01.327

stability of material　材料稳定性　03.151

stability of motion　运动稳定性　02.024

stable crack growth　稳定裂纹扩展　03.333

stable equilibrium　稳定平衡　01.328

staggered mesh　交错网格　04.544

stagnation flow　滞止流　04.291

stagnation point　驻点　04.063

stall　失速　04.149

stamping　冲压　03.098

standing vortex　驻涡　04.317

standing wave　驻波　01.463

Stanton number　斯坦顿数　04.424

Stanton tube　斯坦顿管　04.387

starting vortex　起动涡　04.316

state of strain　应变状态　01.536

state of stress　应力状态　01.521

state space [状]态空间 05.434

state variable [状]态变量 05.435

statically admissible field 静力容许场 03.197

statically determinate 静定 01.093

statically determinate beam 静定梁 01.631

statically determinate structure 静定结构 01.660

statically indeterminate 超静定 01.094

statically indeterminate beam 超静定梁 01.632

statically indeterminate structure 超静定结构 01.661

static balancing 静平衡 02.118

static calibration 静[态]校准 04.375

static condensation 静凝聚 03.609

static friction 静摩擦 01.067

static head 静压头 04.066

static moment 静矩 01.591

static pressure 静压 01.425

static [pressure] tube 静压管 04.394

statics 静力学 01.004

static shake-down theorem 静力安定定理 03.104

static unbalance 静不平衡 02.120

steady constraint 定常约束 01.370

steady crack growth 定常裂纹扩展 03.334

steady flow 定常流[动] 01.414

step-by-step method 逐步法 03.635

step load 阶跃载荷 03.118

stickiness 粘稠度 05.359

stiffened plate 加劲板 03.023

stiffness coefficient 刚度系数 03.240

stiffness matrix 刚度矩阵 03.588

stiffness method 刚度法 01.702

stochastic vibration 随机振动 02.092

Stokes flow 斯托克斯流 05.223

Stokes wave 斯托克斯波 04.212

stored-energy function 贮能函数 05.046

strain 应变 01.524

strain amplifier 应变放大器 03.457

strain cycle 应变循环 03.416

strain ellipsoid 应变椭球 03.006

strain energy 应变能 01.600

strain energy density 应变能密度 03.354

strain fatigue 应变疲劳 03.414

strain fringe value 应变条纹值 03.485

strain gage 应变计, * 应变片 03.433

strain-hardening 应变强化, * 应变硬化 03.158

strain-hardening modulus 强化模量 03.161

strain history 应变史 05.302

strain indicator 应变指示器 03.434

strain invariant 应变不变量 03.005

strain localization 应变局部化 03.138

strain measurement 应变测量 03.432

strain-optic sensitivity 应变光学灵敏度 03.486

strain rate 应变率 03.139

strain rate history 应变率史 05.281

strain rate sensitivity 应变率敏感性 03.140

strain rosette 应变花 03.435

strain sensitivity 应变灵敏度 03.436

strain-softening 应变软化 03.147

strain space 应变空间 03.141

strain tensor 应变张量 05.021

strange attractor 奇怪吸引子, * 怪引子 05.460

stratified flow 分层流 04.082、层状流 05.101

streak line 脉线, * 染色线. * 条纹线 04.408

stream function 流函数 04.119

stream line 流线 04.035

stream surface 流面 04.036

stream tube 流管 04.037

strength of materials 材料力学 01.496

strength reduction factor 强度折减系数 03.275

strength-stress ratio 强度应力比 03.276

stress 应力 01.497

stress amplitude 应力幅值 03.413

stress analysis 应力分析 01.522

stress concentration 应力集中 01.519

stress concentration factor 应力集中系数 01.520

stress corrosion 应力腐蚀 03.375

stress cycle 应力循环 03.415

stress discontinuity 应力间断 03.131

stress fatigue 应力疲劳 03.398

stress freezing effect 应力冻结效应 03.487

stress fringe value 应力条纹值 03.488

stress function of bending 弯[曲]应力函数 03.025

stress function of torsion 扭[转]应力函数 03.035

stress gage 应力计 03.430

stress growing 应力增长 05.306

stress history 应力史 05.303

stress intensity factor 应力强度因子 03.350

stress invariant 应力不变量 03.004

stress-optic law 应力光学定律 03.472

stress-optic pattern 应力光图 03.489

stress overshoot 应力过冲 02.095

stress ratio 应力比 03.417

stress relaxation 应力松弛 05.301

stress relief 应力解除 05.091

stress smoothing 应力光顺 03.655

stress space 应力空间 03.132

stress-strain diagram 应力应变图 01.562

stress trajectory 应力迹线 01.680

stress wave 应力波 01.523

stretched zone 张拉区 03.358

stretch tensor 伸缩张量 05.022

strip coating method 条带法 03.517

strong conservation form 强守恒型 04.537

Strouhal number 施特鲁哈尔数 04.022

structural analysis 结构分析 03.215

structural analysis program 结构分析程序 03.651

structural crashworthiness 结构抗撞毁性 03.093

structural dynamics 结构动力学 03.216

structural mechanics 结构力学 03.214

structural stability 结构稳定性 02.028

subcritical crack growth 亚临界裂纹扩展 03.335

subcritical flow 缓流 04.265

subcritical speed 亚临界转速 02.132

subharmonic 亚谐波，* 次谐波 02.067

sublayer 次层 04.308

sub-parametric element 亚参数元 03.579

subsequent yield surface 后继屈服面 03.180

subsonic flow 亚声速流[动]，* 亚音速流[动] 04.131

subsonic speed 亚声速，* 亚音速 01.484

subspace iteration method 子空间迭代法 03.633

substitute function 代用函数 03.616

substructure 子结构 03.647

substructure technique 子结构法 03.648

successive integration method 逐次积分法 01.705

suction 吸出 04.355

suddenly applied load 突加载荷 01.543

supercavitating flow 超空化流 04.239

supercavity 超空泡 04.125

supercavity flow 超空泡流 04.126

supercritical flow 急流 04.266

super-element 超单元 03.649

super-parametric element 超参数元 03.578

superplasticity 超塑性 05.292

superposition method 叠加法 01.706

superposition principle 叠加原理 01.707

supersonic flow 超声速流[动]，* 超音速流[动] 04.133

supersonic speed 超声速，* 超音速 01.485

supersonic wave 超声波 01.481

support displacement 支座位移 03.229

support settlement 支座沉降 03.230

surface crack 表面裂纹 03.318

surface fire 地表火 05.409

surface force 表面力 04.092

surface tension 表面张力 04.093

surface wave 表面波 04.220

surge 喘振 02.096

surge wave 涌波 04.229

suspended cable 悬索 01.106

suspension 悬浮 05.116

swallow tail 燕尾[型突变] 05.570

swirling flow 旋拧流 05.239

sympathatic detonation 殉爆 05.258

synchronization 同步 02.076

synergetics 协同学 05.524

syphon 虹吸 01.434

system of couples 力偶系 01.045

system of forces 力系 01.025

system of particles　质点系　01.235

T

tangent bifurcation　切分岔　05.564

tangential acceleration　切向加速度　01.146

tangential stress　切向应力　01.398

tangent stiffness matrix　切线刚度矩阵　03.643

Taylor instability　泰勒不稳定性　04.210

Taylor number　泰勒数　04.337

Taylor vortex　泰勒涡　04.356

tearing　撕裂　03.344

tearing mode　撕开型　03.342

tearing modulus　撕裂模量　03.345

tectonic stress　构造应力　05.056

telemetering of strain　应变遥测　03.440

temporary birefringent effect　暂时双折射效应　03.490

tenderness　嫩度　05.360

tensile force　拉力　01.082

tensile strain　拉[伸]应变　01.527

tensile stress　拉[伸]应力　01.502

tensile test　拉伸试验　01.561

tension　张力　01.083，拉伸　01.662

terminal ballistics　终点弹道学　05.247

terminal velocity　终极速度　01.227

test function　检验函数　03.613

tetrahedral element　四面体元　03.570

theorem of kinetic energy　动能定理　01.290

theorem of moment of momentum　动量矩定理　01.262

theorem of momentum　动量定理　01.237

theoretical mechanics　理论力学　01.014

theory of elasticity　弹性理论　03.002

theory of electromagnetic continuum　电磁连续统理论　05.013

theory of mixtures　混合物理论　05.016

theory of plasticity　塑性理论　03.101

theory of strength　强度理论　01.613

thermal boundary layer　温度边界层　04.346

thermal equation of state　热状态方程　04.166

thermal strain　热应变　01.531

thermal stress　热应力　01.511

thermistor　热敏电阻　04.405

thermoelasticity　热弹性　03.054

thermoplastic instability　热塑不稳定性　05.250

thick plate element　厚板元　03.567

thick-walled cylinder　厚壁筒　01.648

thin-airfoil theory　薄翼理论　04.145

thin-walled bar　薄壁杆　01.621

thin-walled beam　薄壁梁　01.634

thin-walled cylinder　薄壁筒　01.647

third cosmic velocity　第三宇宙速度　01.234

thixotropic fluid　触变流体　05.132

thixotropy　触变性　05.290

three-axial compression test　三轴压缩试验　05.057

three-axial tensile test　三轴拉伸试验　05.058

three-body problem　三体问题　01.312

three-dimensional element　三维元　03.563

three-dimensional flow　三维流　04.076

three-hinged arch　三铰拱　03.218

three-moment equation　三弯矩方程　03.238

three point bending specimen　三点弯曲试件　03.366

tidal wave　潮波　04.228

time-dependent method　不定常法，＊时间相关法　04.502

time line　时间线　04.407

time splitting method　时间分步法　04.503

Timoshenko beam　铁摩辛柯梁　01.639

top　陀螺　01.281

topological dimension　拓扑维数　05.495

topological entropy　拓扑熵　05.494

toroidal shell　环壳　03.032

torque　转矩　01.056

torque diagram　扭矩图　01.688

torrent　山洪　05.400

torsion　扭转　01.686

torsional moment　扭矩　01.687

torsional pendulum　扭摆　01.403

torsional rigidity　抗扭刚度　01.689

torsional stress　扭[转]应力　01.508

torsion balance　扭秤　01.402

tortuosity　迂曲度　05.198

total enthalpy　总焓　04.067

total head　总压头　04.065

total pressure　总压[力]　04.064

total theory of plasticity　塑性全量理论　03.059

total variation decreasing scheme　全变差下降格式　04.524

toughness　韧性　01.569，韧度　01.570

towing tank　拖曳水池　04.381

TPB specimen　三点弯曲试件　03.366

tracer　示踪物　04.406

trailing edge　后缘　04.147

trajectory　轨迹　01.120

transcritical bifurcation　跨临界分岔　05.562

transducer　传感器　04.403

transformation of coordinates　坐标变换　03.518

trans-granular fracture　穿晶断裂　03.306

transient flow　暂态流　04.079

transient motion　暂态运动　01.343

transient state　暂态，* 瞬态　02.034

translation　平移　01.184

translocation flow　易位流　05.362

transmissibility of force　力的可传性　01.029

transmission polariscope　透射式光弹性仪　03.492

transonic flow　跨声速流[动]，* 跨音速流[动]　04.132

transpirational flow　蒸腾流　05.363

transverse acceleration　横向加速度　01.145

transverse gage factor　横向灵敏系数　03.441

transverse isotropy　横观各向同性　03.278

transverse sensitivity　横向灵敏度　03.442

transverse shear modulus　横向剪切模量　03.277

transverse velocity　横向速度　01.134

transverse wave　横波　01.450

travelling plastic hinge　移行塑性铰　03.202

travelling wave　行波　01.452

Tresca yield criterion　特雷斯卡屈服准则　03.206

trial function　试探函数　03.612

triangular element　三角形元　03.568

triaxial test　三轴试验　05.059

true stress　真应力　03.128

truss　桁架　01.654

truss element　桁架杆元　03.559

Tsai-Wu failure criterion　蔡-吴失效准则　03.292

tube　管　01.649

tube flow　管流　04.297

tubeless siphon　无管虹吸　05.285

tuft method　丝线法　04.369

tumble　翻滚　05.383

turbulence　湍流、* 紊流　01.421

turbulent boundary layer　湍流边界层　04.345

turbulent flame　湍流火焰　05.179

turbulent flow　湍流，* 紊流　01.421

turbulent resistance　湍流阻力　01.432

turbulent separation　湍流分离　04.311

TVD scheme　全变差下降格式　04.524

twist　扭曲　01.691

two-body problem　二体问题　01.310

two-component flow　二组份流　05.103

two-dimensional element　二维元　03.561

two-dimensional flow　二维流　04.075

two-phase flow　二相流　05.106

U

ultimate strength　强度极限　01.566

ultraharmonic　超谐波　02.077

unbalance　不平衡　02.123，不平衡量　02.124

unblocked bond　连通键　05.503

underdamping　欠阻尼　01.348

underground explosion　地下爆炸　05.252

underwater explosion　水下爆炸　05.253

undisturbed flow　未扰动流　04.174

unfolding　开折　05.563

uniaxial stress　单轴应力　01.500

unidirectional composite　单向复合材料

03.256

uniform flow　均匀流　04.073

uniform motion　匀速运动　01.158

unilateral constraint　单侧约束　01.373

unit virtual force　单位虚力　03.239

universal deformation　普适变形　05.050

universality　普适性　05.565

unloading　卸载　03.115

unloading wave　卸载波　03.116

unstable equilibrium　不稳定平衡　01.329

unsteady constraint　非定常约束　01.371

unsteady flow　非定常流　04.078

unsymmetric bending　非对称弯曲　01.672

uplift　浮升力　05.084

upper bound theorem　上限定理　03.174

upper yield point　上屈服点　03.175

upstream scheme　迎风格式　04.525

upwind scheme　迎风格式　04.525

U-tube　U形管　04.389

V

vague attractor [of Kolmogorov]　含混吸引子　05.459

VAK　含混吸引子　05.459

van der Pol equation　范德波尔方程　02.078

variable-mass dynamics　变质量动力学　01.257

variable-mass system　变质量系　01.258

variable-number-node element　节点数可变元　03.580

variational method　变分法　04.504

Varignon theorem　伐里农定理　01.099

vegetative sand-control　植物固沙　05.384

velocity　速度　01.124

velocity circulation　速度环量　04.061

velocity defect law　速度亏损律　04.357

velocity discontinuity　速度间断　03.199

velocity gradient　速度梯度　05.051

velocity head　速度[水]头　04.122

velocity line　流速线　05.385

velocity of escape　逃逸速度　01.231

velocity potential　速度势　04.116

velocity profile　速度剖面,＊速度型　04.069

velocity resonance　速度共振　01.355

Venturi tube　文丘里管　04.388

vertical shear wave　竖直剪切波　03.079

vibration　振动　01.323

vibration isolation　隔振　02.093

vibration reduction　减振　02.094

Vickers hardness　维氏硬度　01.577

virgin rock stress　原始岩体应力　05.055

virtual displacement　虚位移　01.607

virtual force　虚力　01.608

virtual work　虚功　01.609

virtual work principle　虚功原理　01.610

viscoelastic fluid　粘弹性流体　05.133

viscoelasticity　粘弹性　03.056

viscoelasto-plastic material　粘弹塑性材料　05.293

viscometric flow　测粘流动　05.052

viscoplasticity　粘塑性　03.168

visco[si]meter　粘度计　04.401

visco[si]metry　粘度测定法　04.360

viscosity　粘性　01.416，粘度　01.417

viscosity function　粘度函数　05.307

viscous flow　粘性流[动]　04.285

viscous fluid　粘性流体　01.412

viscous force　粘[性]力　01.431

void　空隙　05.199

void fraction　空隙分数　05.200

void ratio　孔隙比　05.069

Voigt body　沃伊特体　05.343

Voigt-Kelvin model　沃伊特-开尔文模型　05.297

volume coordinates　体积坐标　03.607

volumetric strain　体积应变　01.529

von Neumann condition　冯·诺伊曼条件　04.473

vortex　涡旋　04.043

vortex breakdown　涡旋破碎　04.318

vortex filament　涡丝　04.045

vortex layer　涡层　04.048

vortex line　涡线　04.046

vortex method　涡方法　04.505
vortex pair　涡对　04.050
vortex ring　涡环　04.049
vortex shedding　涡旋脱落　04.319
vortex sheet　涡片　04.017
vortex street　涡街　04.052

vortex surface　涡面　04.047
vortex tube　涡管　04.051
vorticity　涡量　04.044
vorticity equation　涡量方程　04.281
vorticity meter　涡量计　04.402

W

wafering　压扁　05.365
wake [flow]　尾流　04.292
wall attachment effect　附壁效应　05.244
wall effect　壁效应　04.410
warping　翘曲　01.692
warping function　翘曲函数　03.036
water flooding　注水　05.201
water hammer　水击，* 水锤　04.235
water level　水位　04.253
water tunnel　水洞　04.380
wave　波　01.435
[wave] crest　波峰　01.446
wave drag　波阻　04.151
wave energy　波能　04.219
wave front　波阵面　01.436,　波前　01.437
wave group　波群　04.218
wave height　波高　04.216
wavelength　波长　01.445
wavelet　子波　01.461
[wave] loop　波腹　01.447
[wave] node　波节　01.448
wave number　波数　01.438
wave packet　波包　01.439
wave speed　波速　04.215
wave surface　波面　01.443
wave train　波列　04.217
[wave] trough　波谷　01.449
wave vector　波矢[量]　01.444
wave velocity　波速　04.215
weak conservation form　弱守恒型　04.536

weak solution　弱解　04.533
web　梁腹　01.640
Weber number　韦伯数　05.098
wedge　楔　03.012
wedge flow　楔流　04.136
Weibull distribution　韦布尔分布　03.372
weighted residual method　加权残量法，* 加权残值法　03.520
weight function　权函数　03.614
weightlessness　失重　01.228
weir flow　堰流　04.271
Weissenberg effect　魏森贝格效应　05.137
Weissenberg number　魏森贝格数　05.315
weldable strain gage　焊接式应变计　03.443
Wentzel–Kramers–Brillouin method　WKB 方法　02.081
wettability　可湿性　05.202
whirl　涡动　02.133
white–light speckle method　白光散斑法　03.506
whole–field analysis　全场分析法　03.501
Wilson θ–method　威尔逊 θ 法　03.637
wind load　风载[荷]　03.225
wind pressure　风压　05.243
wind tunnel　风洞　04.377
WKB method　WKB 方法　02.081
work　功　01.291
working stress　工作应力　01.517
wrinkle　褶皱　03.058

Y

yield　屈服　03.184
yield condition　屈服条件　03.185

yield criterion　屈服准则　03.186
yield function　屈服函数　03.187

yield limit 屈服极限 01.565

yield point 屈服点 01.396

yield strength 屈服强度 01.568

yield surface 屈服面 03.188

Young fringe 杨氏条纹 03.463

Young modulus 杨氏模量 01.555

Z

zero drift 零[点]漂移 03.431

zero-energy mode 零能模式 03.618

zero shift 零[点]漂移 03.431

汉 英 索 引

A

阿尔曼西应变　Almansi strain　03.068

阿尔文波　Alfvén wave　05.322

阿基米德原理　Archimedes principle　01.409

阿诺德舌[头]　Arnol'd tongue　05.575

阿佩尔方程　Appell equation　02.017

阿特伍德机　Atwood machine　01.222

埃克曼边界层　Ekman boundary layer　05.211

埃克曼流　Ekman flow　05.210

埃克曼数　Ekman number　05.214

埃克特数　Eckert number　04.418

埃农吸引子　Hénon attractor　05.555

艾里应力函数　Airy stress function　03.015

鞍点　saddle [point]　05.539

鞍结分岔　saddle-node bifurcation　05.560

安定[性]理论　shake-down theory　03.102

安全寿命　safe life　03.418

安全系数　safety factor　01.585

安全裕度　safety margin　01.586

暗条纹　dark fringe　03.466

奥尔-索末菲方程　Orr-Sommerfeld equation　04.280

奥辛流　Oseen flow　04.283

奥伊洛特模型　Oldroyd model　05.299

B

八面体剪应变　octahedral shear strain　01.618

八面体剪应力　octahedral shear stress　01.619

八面体剪应力理论　octahedral shear stress theory　01.617

巴塞特力　Basset force　04.417

白光散斑法　white-light speckle method　03.506

摆　pendulum　01.264

摆振　shimmy　02.097

板　plate　03.018

板块法　panel method　04.491

板元　plate element　03.565

半导体应变计　semiconductor strain gage　03.455

半峰宽度　half-peak width　02.046

半解析法　semi-analytical method　03.535

半逆解法　semi-inverse method　03.037

半频进动　half frequency precession　02.128

半向同性张量　hemitropic tensor　05.019

半隐格式　semi-implicit scheme　04.522

薄壁杆　thin-walled bar　01.621

薄壁梁　thin-walled beam　01.634

薄壁筒　thin-walled cylinder　01.647

薄膜比拟　membrane analogy　01.690

薄翼理论　thin-airfoil theory　04.145

保单调差分格式　monotonicity preserving difference scheme　04.520

保守力　conservative force　01.182

保守系　conservative system　01.301

爆发　blow up　05.401

爆高　height of burst　05.276

爆轰　detonation　04.206

爆破　blasting　05.263

爆心　explosion center　05.273

爆炸　explosion　04.205

爆炸当量　explosion equivalent　05.274

爆炸洞　explosion chamber　05.267

爆炸力学　mechanics of explosion　05.246

* 爆震　detonation　04.206

贝蒂定理　Betti theorem　03.250

贝纳尔对流　Bénard convection　05.498

倍周期分岔　period doubling bifurcation　05.552

被动土压力　passive earth pressure　05.089

本构方程　constitutive equation　03.124
本构关系　constitutive relation　05.295
* 本体瞬心迹　polhode　01.194
本原元　primitive element　05.049
本征矢[量]　eigenvector　01.361
本征振动　eigenvibration　01.360
崩落　spallation　05.280
比例极限　proportional limit　01.563
比例加载　proportional loading　03.114
比面　specific surface　05.197
比强度　specific strength　03.274
比重　specific gravity, specific weight　01.091
毕奥-萨伐尔定律　Biot-Savart law　04.013
闭锁键　blocked bond　05.500
壁剪切速度　friction velocity　04.327
壁剪应力　skin friction, frictional drag　04.326
壁效应　wall effect　04.410
边节点　mid-side node　03.555
边界层　boundary layer　04.342
边界层方程　boundary layer equation　04.341
边界层分离　boundary layer separation
　04.348
边界层厚度　boundary layer thickness　04.349
边界层理论　boundary layer theory　04.340
边界层转捩　boundary layer transition　04.347
边界积分法　boundary integral method　02.022
边界解法　boundary solution method　03.533
边界润滑　boundary lubrication　05.346
边界元　boundary element　03.540
边界元法　boundary element method　04.477
边缘效应　edge effect　03.088
扁壳　shallow shell　03.027
变带宽矩阵　profile matrix　03.630
变分法　variational method　04.504
变截面杆　bar of variable cross-section
　01.622
变截面梁　beam of variable cross-section
　01.635
变形梯度　deformation gradient　05.034
变质量动力学　variable-mass dynamics
　01.257
变质量系　variable-mass system　01.258
标记网格法　marker and cell method, MAC
　method　04.486

标架无差异性　frame indifference　05.037
表观粘度　apparent viscosity　04.301
表观粘聚力　apparent cohesion　05.077
表面波　surface wave　04.220
表面力　surface force　04.092
表面裂纹　surface crack　03.318
表面张力　surface tension　04.093
表面张力波　capillary wave　04.221
宾厄姆模型　Bingham model　05.298
宾厄姆塑性流　Bingham plastic flow　05.341
冰崩　iceslide　05.395
冰压力　ice pressure　05.396
并矢　dyad　02.023
并向流　co-current flow　05.235
波　wave　01.435
波包　wave packet　01.439
波长　wavelength　01.445
波峰　[wave] crest　01.446
波腹　[wave] loop　01.447
波高　wave height　04.216
波谷　[wave] trough　01.449
波节　[wave] node　01.448
波列　wave train　04.217
波面　wave surface　01.443
波能　wave energy　04.219
波前　wave front　01.437
波前法　frontal method　03.632
波群　wave group　04.218
波矢[量]　wave vector　01.444
波数　wave number　01.438
波速　wave speed, wave velocity　04.215
波纹板　corrugated plate　03.022
波纹壳　corrugated shell　03.034
波阵面　wave front　01.436
波阻　wave drag　04.151
伯格斯方程　Burgers equation　04.454
伯努利定理　Bernoulli theorem　04.012
伯努利方程　Bernoulli equation　04.011
泊　poise　04.304
泊松比　Poisson ratio　01.557
泊松括号　Poisson bracket　02.021
泊肃叶定律　Poiseuille law　01.408
泊肃叶-哈特曼流　Poiseuille-Hartman flow
　05.323

泊肃叶流　Poiseuille flow　04.282

补偿技术　compensation technique　03.451

补偿片　compensating gage　03.450

不定常法　time-dependent method　04.502

不动点　fixed point　05.530

不规则波　irregular wave　04.223

不互溶流体　immiscible fluid　05.189

不互溶驱替　immiscible displacement　05.188

不可压缩流[动]　incompressible flow　04.087

不可压缩流体　incompressible fluid　04.024

不可压缩性　incompressibility　04.086

不平衡　unbalance　02.123

不平衡量　unbalance　02.124

不稳定平衡　unstable equilibrium　01.329

不稳定性　instability　04.279

布拉休斯解　Blasius solution　04.019

布鲁塞尔模型　Brusselator　05.497

布氏硬度　Brinell hardness　01.576

布西内斯克问题　Boussinesq problem　03.014

部分相似　partial similarity　04.373

C

材料力学　mechanics of materials, strength of materials　01.496

材料稳定性　stability of material　03.151

蔡-吴失效准则　Tsai-Wu failure criterion　03.292

参考构形　reference configuration　05.042

参考系　reference system　01.113

参考栅　reference grating　03.512

参量[激励]振动　parametric vibration　02.042

残余抗剪强度　residual shear strength　05.067

残余双折射效应　residual birefringent effect　03.484

残余应变　residual strain　01.530

残余应力　residual stress　01.510

侧滚　roll　01.209

测粘流动　viscometric flow　05.052

测速法　anemometry　04.359

测压孔　pressure tap　04.384

层板　laminate　03.259

层间应力　interlaminar stress　03.273

层裂　spalling　03.100

层流　laminar flow　04.286

层流边界层　laminar boundary layer　04.344

层流分离　laminar separation　04.310

层流火焰　laminar flame　05.180

层片　ply　03.263

层应变　ply strain　03.272

层应力　ply stress　03.271

层状流　stratified flow　05.101

叉式分岔　pitchfork bifurcation　05.559

掺混插值　blended interpolation　03.621

掺气流　aerated flow　04.272

颤动　chatter　02.086

颤振　flutter　03.074

HRR 场　Hutchinson-Rice-Rosengren field　03.351

长细比　slenderness ratio　01.643

长纤维　continuous fiber　03.282

超参数元　super-parametric element　03.578

超单元　super-element　03.649

超混沌　hyperchaos　05.456

超静定　statically indeterminate　01.094

超静定次数　degree of indeterminacy　03.231

超静定结构　statically indeterminate structure　01.661

超静定梁　statically indeterminate beam　01.632

超空化流　supercavitating flow　04.239

超空泡　supercavity　04.125

超空泡流　supercavity flow　04.126

超声波　supersonic wave　01.481

超声速　supersonic speed　01.485

超声速流[动]　supersonic flow　04.133

超塑性　superplasticity　05.292

超弹性　hyperelasticity　03.055

超调量　overshoot　02.041

超谐波　ultraharmonic　02.077

超压[强]　over pressure　04.203

＊超音速　supersonic speed　01.485

＊超音速流[动]　supersonic flow　04.133

超重　overweight　01.229

潮波　tidal wave　04.228

[彻]体力 body force 01.429

尘暴 dust storm 05.372

沉积物 sediment, deposit 04.275

沉[降堆]积 sedimentation, deposition 04.276

沉降速度 settling velocity 04.277

成核 nucleation 04.451

成坑 cratering 05.271

承压应力 bearing stress 01.551

持久极限 endurance limit 01.567

驰振 galloping 02.100

尺度效应 scale effect 04.409

冲击波 shock wave 04.188

冲击韧性 impact toughness 01.574

冲击载荷 impulsive load 03.117

冲量 impulse 01.239

冲压 stamping 03.098

重复加载 repeated loading 01.547

重演距离 repetition distance 05.376

稠度 consistency 05.079

初始屈服面 initial yield surface 03.179

初速[度] initial velocity 01.139

初态敏感性 sensitivity to initial state 05.462

初应变 initial strain 03.641

初应力 initial stress 03.642

出口 exit, outlet 04.100

出口压力 exit pressure 04.202

触变流体 thixotropic fluid 05.132

触变性 thixotropy 05.290

触稠流体 rheopectic fluid 05.131

穿晶断裂 trans-granular fracture 03.306

穿透 perforation 03.099

传播 propagation 04.103

传导 conduction 04.437

传感器 transducer, sensor 04.403

*传热 heat transfer 04.431

传热系数 heat transfer coefficient 04.432

*传质 mass transfer 04.429

传质系数 mass transfer coefficient 04.430

船波 ship wave 04.231

喘振 surge 02.096

纯力学物质 purely mechanical material 05.003

纯弯曲 pure bending 01.669

磁流体动力波 magnetohydrodynamic wave 05.335

磁流体动力稳定性 magnetohydrodynamic stability 05.337

磁流体动力学 magnetohydrodynamics, MHD 05.334

磁流体力学 magneto fluid mechanics 05.333

磁流体流 magnetohydrodynamic flow 05.336

次层 sublayer 04.308

次固结 secondary consolidation 05.082

次级分岔 secondary bifurcation 05.561

次级子波 secondary wavelet 01.462

次声波 infrasonic wave 01.483

次时间效应 secondary time effect 05.092

*次谐波 subharmonic 02.067

粗糙度 roughness 03.062

猝发过程 bursting process 04.300

*脆断 brittle fracture 03.300

脆性 brittleness 01.572

脆性断裂 brittle fracture 03.300

脆性损伤 brittle damage 03.382

脆性涂层法 brittle-coating method 03.516

错位散斑干涉法 speckle-shearing interferometry, shearography 03.504

错综度 complexity 05.031

D

达芬方程 Duffing equation 02.053

达格代尔模型 Dugdale model 03.293

达朗贝尔惯性力 d'Alembert inertial force 01.317

达朗贝尔佯谬 d'Alembert paradox 04.020

达朗贝尔原理 d'Alembert principle 01.316

达西定律 Darcy law 05.183

大范围屈服 large scale yielding 03.370

大挠度 large deflection 03.064

大气-海洋相互作用 atmosphere-ocean interaction 05.213

大气边界层 atmospheric boundary layer 05.212

大气环流 atmospheric circulation 05.205

大涡模拟　large eddy simulation　04.460

带宽　band width　03.628

带宽最小化　minimization of band width　03.631

带状矩阵　banded matrix　03.629

代用函数　substitute function　03.616

单摆　simple pendulum　01.265

单边缺口试件　single edge notched specimen, SEN specimen　03.365

单侧约束　unilateral constraint　01.373

单调差分格式　monotone difference scheme　04.519

单调加载　monotonic loading　01.546

单峰映射　single hump map[ping]　05.553

单切结点　one-tangent node　05.536

单位虚力　unit virtual force　03.239

* 单位载荷法　dummy-load method　01.704

单相流　single phase flow　04.071

单向复合材料　unidirectional composite　03.256

[单]元　element　03.553

单元的组集　assembly of elements　03.603

单元分析　element analysis　03.586

单元刚度矩阵　element stiffness matrix　03.247

单元号　element number　03.627

单元特性　element characteristics　03.587

单元应变矩阵　element strain matrix　03.248

单轴应力　uniaxial stress　01.500

单组份流　single-component flow　04.072

弹道　ballistic curve　01.223

弹道摆　ballistic pendulum　01.270

弹道学　ballistics　01.224

当地导数　local derivative　05.053

当地马赫数　local Mach number　04.187

当时构形　current configuration　05.032

倒倍周期分岔　inverse period-doubling bifurcation　05.427

倒谱　cepstrum　02.085

德博拉数　Deborah number　05.314

德鲁克公设　Drucker postulate　03.212

等参数映射　isoparametric mapping　03.622

等参[数]元　isoparametric element　03.577

等差线　isochromatic　03.469

等存在原理　principle of equipresence　05.010

等和线　isopachic　03.471

* 等厚线　isopachic　03.471

等离[子]体动力学　plasma dynamics　05.319

等强度梁　beam of constant strength　01.636

等倾线　isoclinic　03.470

等倾线法　isocline method　02.050

等容波　equivoluminal wave　03.085

* 等色线　isochromatic　03.469

等熵流　isentropic flow　04.175

等时摆　isochronous pendulum　01.267

等时性　isochronism　01.266

等势面　equipotential surface　01.297

等势线　equipotential line　01.296

等位移线　contour of equal displacement　03.465

等效节点力　equivalent nodal force　03.590

等效力系　equivalent force system　01.027

等效应变　equivalent strain　03.137

等效应力　equivalent stress　03.129

邓克利公式　Dunkerley formula　02.070

低速空气动力学　low-speed aerodynamics　04.128

低弹性　hypoelasticity　05.041

低周疲劳　low cycle fatigue　03.397

狄里克雷边界条件　Dirichlet boundary condition　04.466

底压　base pressure　04.415

地表火　surface fire　05.409

地面效应　ground effect　04.163

地球动力学　geodynamics　01.021

地球物理流体动力学　geophysical fluid dynamics　05.203

地下爆炸　underground explosion　05.252

地下火　ground fire　05.410

地心坐标系　geocentric coordinate system　01.116

地压强　geostatic pressure　05.062

地震载荷　earthquake loading　03.227

第二法向应力差　second normal-stress difference　05.313

[第二类]拉格朗日方程　Lagrange equation [of the second kind]　01.364

第二宇宙速度　second cosmic velocity　01.233

第三宇宙速度　third cosmic velocity　01.234

第一法向应力差 first normal-stress difference 05.312

第一类拉格朗日方程 Lagrange equation of the first kind 01.365

第一宇宙速度 first cosmic velocity 01.232

点爆炸 point-source explosion 05.257

*点格自动机 cellular automaton 05.501

电爆炸 discharge-induced explosion 05.254

电磁连续统理论 theory of electromagnetic continuum 05.013

电磁炮 electromagnetic gun 05.266

电感应变计 inductance [strain] gage 03.459

电弧风洞 arc tunnel 05.151

电离气体 ionized gas 05.320

电炮 electric gun 05.265

电气体力学 electro-gas dynamics 05.329

电容应变计 capacitance strain gage 03.449

电阻应变计 resistance strain gage 03.453

叠加法 superposition method 01.706

叠加原理 superposition principle 01.707

*叠栅条纹 moiré fringe 03.508

[叠栅]云纹 moiré fringe 03.508

[叠栅]云纹法 moiré method 03.509

定常裂纹扩展 steady crack growth 03.334

定常流[动] steady flow 01.414

定常约束 steady constraint 01.370

定点运动 fixed-point motion 01.197

定点转动 rotation around a fixed point 01.198

π 定理 pi theorem, Buckingham theorem 04.374

KAM 定理 Kolmogorov-Arnol'd-Moser theorem, KAM theorem 05.446

定倾中心 metacenter 04.089

定瞬心迹 fixed centrode 01.193

定轴转动 fixed-axis rotation 01.187

动不平衡 dynamic unbalance 02.121

动参考系 moving reference system 01.115

动理学 kinetics 01.007

动力相似[性] dynamic similarity 04.112

动力学 dynamics 01.006

*动力[学]系统 dynamical system 05.423

动力粘度 kinetic viscosity 01.419

动力粘性 dynamic viscosity 04.303

动量 momentum 01.236

动量定理 theorem of momentum 01.237

动量方程 momentum equation 04.028

动量厚度 momentum thickness 04.351

动量交换 momentum transfer 04.435

动量矩 moment of momentum 01.261

动量矩定理 theorem of moment of momentum 01.262

动量矩平衡 angular momentum balance 05.025

动量矩守恒定律 law of conservation of moment of momentum 01.263

动量平衡 momentum balance 05.044

动量守恒 conservation of momentum 04.026

动量守恒定律 law of conservation of momentum 01.238

动摩擦 kinetic friction 01.062

动能 kinetic energy 01.289

动能定理 theorem of kinetic energy 01.290

动平衡 dynamic balancing 02.119

动瞬心迹 moving centrode 01.194

动态超高压技术 dynamic ultrahigh pressure technique 05.248

动态光弹性 dynamic photo-elasticity 03.479

动态校准 dynamic calibration 04.376

动态静力学 kineto-statics 01.315

动态模量 dynamic modulus 05.316

KS[动态]熵 Kolmogorov-Sinai entropy, KS entropy 05.471

动态系统 dynamical system 05.423

动态响应 dynamic response 04.413

动压 dynamical pressure 01.426

动载[荷] dynamic load 01.542

冻结流 frozen flow 05.104

冻土强度 frozen soil strength 05.393

冻胀力 frost heaving pressure 05.392

抖振 buffeting 05.242

堵塞 blockage 04.411

堵塞效应 blockage effect 04.412

杜福特-弗兰克尔格式 Dufort-Frankel scheme 04.513

度规熵 metric entropy 05.491

短裂纹 short crack 03.317

短纤维 chopped fiber 03.281

E

F

非惯性系统　noninertial system　01.322
非局部理论　nonlocal theory　05.015
非绝热流　diabatic flow　04.173
非均匀流　nonuniform flow　04.074
非牛顿流体　non-Newtonian fluid　05.128
非牛顿流体力学　non-Newtonian fluid
　　mechanics　05.127
非平衡流[动]　non-equilibrium flow　04.138
非同相分量　out-of-phase component　02.040
非弹性　inelasticity　03.169
非弹性弯曲　inelastic bending　01.673
非完全弹性碰撞　imperfect elastic collision
　　01.254
非完整分量　anholonomic component　05.028
非完整系　nonholonomic system　01.377
非完整约束　nonholonomic constraint　01.375
非线性波　nonlinear wave　04.232
非线性不稳定性　nonlinear instability　04.462
非线性动力学　nonlinear dynamics　05.422
非线性薛定谔方程　nonlinear Schrödinger
　　equation　05.464
非线性弹性　nonlinear elasticity　03.063
非线性振动　nonlinear vibration　05.430
非协调理论　incompatibility theory　05.007
非协调模式　incompatible mode　03.625
非协调元　non-conforming element　03.537
非谐振动　anharmonic vibration　01.333
非周期性　aperiodicity　01.342
飞火　spotting, firebrand　05.408
沸腾　boiling　04.447
费根鲍姆标度律　Feigenbaum scaling　05.445
费根鲍姆函数方程　Feigenbaum functional
　　equation　05.449
费根鲍姆数　Feigenbaum number　05.444
分布　distribution　04.102
分布参量系统　distributed parameter
　　system　02.072
分布力　distributed force　01.075
分配系数　distribution factor　03.245
分布载荷　distributed load　01.539
分步法　fractional step method　04.556
分层流　stratified flow　04.082
*分叉　bifurcation　05.556
分岔　bifurcation　05.556

分岔集　bifurcation set　05.557
分界线　separatrix　02.066
分离点　separation point　04.312
分离流　separated flow　04.287
分力　component force　01.039
分凝势　segregation potential　05.398
分频进动　fractional frequency precession
　　02.127
分速度　component velocity　01.129
*分维　fractal dimension　05.485
分析力学　analytical mechanics　02.001
分析栅　analyzer grating　03.514
分形　fractal　05.484
分形体　fractal　05.486
分形维数　fractal dimension　05.485
*分枝　bifurcation　05.556
分子扩散　molecular diffusion　04.446
封闭壳　closed shell　03.033
风洞　wind tunnel　04.377
风激振动　aeolian vibration　02.083
风速管　pitot-static tube　04.396
风雪流　snow-driving wind　05.366
风压　wind pressure　05.243
风载[荷]　wind load　03.225
冯·诺伊曼条件　von Neumann condition
　　04.473
辐射传热　radiative heat transfer　04.434
浮力　buoyancy force　01.430
浮升力　uplift　05.084
浮体　floating body　04.088
弗劳德数　Froude number　04.248
弗洛凯定理　Floquet theorem　02.030
俯仰　pitch　01.208
腐蚀疲劳　corrosion fatigue　03.401
副法向加速度　binormal acceleration　01.150
覆盖维数　covering dimension　05.489
复摆　compound pendulum　01.268
复合材料　composite material　03.254
复合材料力学　mechanics of composites
　　03.253
复合型　mixed mode　03.343
复合运动　composite motion　01.168
复势　complex potential　04.117
复速度　complex velocity　04.118

复态粘度 complex viscosity 05.309
傅科摆 Foucault pendulum 01.271
负阻尼 negative damping 02.052
附壁效应 wall attachment effect, Coanda effect 05.244
附加质量 added mass, associated mass 04.106
附面层 boundary layer 04.343
附体激波 attached shock wave 04.193
附着点 attachment point 04.313
附着涡 bound vortex 04.156

G

概率断裂力学 probabilistic fracture mechanics 03.295
概率风险判定 probabilistic risk assessment, PRA 03.376
盖林格速度方程 Geiringer velocity equation 03.213
盖斯特纳波 Gerstner wave 04.211
干涉条纹 interference fringe 03.468
杆 bar 01.620
杆元 bar element 03.558
刚度法 stiffness method 01.702
刚度矩阵 stiffness matrix 03.588
刚度矩阵的组集 assembly of stiffness matrices 03.600
刚度系数 stiffness coefficient 03.240
刚化原理 principle of rigidization 01.098
刚架 frame 01.655
刚塑性材料 rigid-plastic material 03.149
刚体 rigid body 01.028
刚体定点运动 motion of rigid-body with a fixed point 01.170
刚体运动 rigid body motion 01.169
刚体自由运动 free motion of rigid body 01.280
高超声速流[动] hypersonic flow 04.134
*高超音速流[动] hypersonic flow 04.134
高度水头 elevating head 04.251
高分辨率格式 high resolution scheme 04.516
高斯-若尔当消去法 Gauss-Jordan elimination method 03.251
高速空气动力学 high-speed aerodynamics 04.129
戈杜诺夫格式 Godunov scheme 04.515
割缝 slit 03.310
割线刚度矩阵 secant stiffness matrix 03.644

格拉斯霍夫数 Grashof number 04.419
格里菲思理论 Griffith theory 03.296
格林应变 Green strain 03.067
隔火带 fire line 05.420
隔火带强度 fireline intensity 05.421
隔振 vibration isolation 02.093
各向同性 isotropy 01.394
各向同性强化 isotropic hardening 03.160
各向同性弹性 isotropic elasticity 03.010
*各向同性硬化 isotropic hardening 03.160
各向同性张量 isotropic tensor 05.020
各向异性 anisotropy 01.395
各向异性弹性 anisotropic elasticity 03.051
工程力学 engineering mechanics 01.016
工程应变 engineering strain 03.136
工业流体力学 industrial fluid mechanics 05.232
工字梁 I-shape beam 01.638
工作[应变]片 active [strain] gage 03.428
工作应力 working stress 01.517
*攻角 angle of attack 04.148
功 work 01.291
功率 power 01.294
拱 arch 03.217
共点力 forces acting at the same point 01.077
共轭位移 conjugate displacement 03.236
共面力 coplanar force 01.078
共鸣 resonance 01.487
共旋导数 co-rotational derivative, Jaumann derivative 05.027
共振 resonance 01.352
共振频率 resonant frequency 01.353
构型 configuration 04.146
构造应力 tectonic stress 05.056
孤[立]波 solitary wave 05.466

孤立系　isolated system　01.243
孤立子　soliton　04.233
固定参考系　fixed reference system　01.114
固定矢[量]　fixed vector　01.095
固结　consolidation　05.080
固结仪　consolidometer　05.083
固体力学　solid mechanics　01.012
固有模态　natural mode of vibration　02.075
固有频率　natural frequency　01.336
固有振动　natural vibration　02.033
* 固有振型　natural mode of vibration　02.075
固支　clamped, built-in　01.626　.
固支梁　built-in beam, clamped-end beam　01.627
拐角流　corner flow　04.123
* 怪引子　strange attractor　05.460
关节反作用力　joint reaction force　05.350
关联维数　correlation dimension　05.493
管　tube　01.649
管流　pipe flow, tube flow　04.297
惯量椭球　ellipsoid of inertia　01.276
惯量主轴　principal axis of inertia　01.278
惯性　inertia　01.171
惯性[参考]系　inertial [reference] frame, inertial [reference] system　01.172
惯性导航　inertial guidance　02.107
惯性积　product of inertia　01.275
惯性离心力　inertial centrifugal force　01.320
惯性力　inertial force　01.319
贯入阻力　penetration resistance　05.093
光[测]力学　photomechanics　03.460
光程差　optical path difference　03.475
光弹性　photoelasticity　03.461
光弹性夹片法　photoelastic sandwich method　03.478
光弹性贴片法　photoelastic coating method　03.477

光塑性　photoplasticity　03.462
广义变分原理　generalized variational principle　03.525
广义动量　generalized momentum　01.383
广义动量积分　integral of generalized momentum　01.384
广义胡克定律　generalized Hooke law　01.559
广义力　generalized force　01.380
广义连续统力学　generalized continuum mechanics　05.001
广义能量积分　integral of generalized energy　01.385
广义速度　generalized velocity　01.382
广义位移　generalized displacement　03.547
广义应变　generalized strain　03.549
广义应力　generalized stress　03.550
广义载荷　generalized load　03.548
广义坐标　generalized coordinate　01.381
规则波　regular wave　04.222
规则反射　regular reflection　05.279
规则进动　regular precession　01.286
轨道　orbit　01.121
轨道稳定性　orbital stability　02.025
轨迹　trajectory　01.120
滚动接触　rolling contact　03.049
滚动摩擦　rolling friction　01.063
滚动摩擦系数　coefficient of rolling friction　01.064
滚柱　roller　01.110
* 过冲　overshoot　02.041
过滤　filtration　05.186
过滤阻力　filtration resistance　05.364
过水断面　flow cross-section　04.260
过应力　over-stress　03.127
过载效应　overloading effect　03.419
过阻尼　overdamping　01.349

H

哈密顿函数　Hamiltonian function　02.008
哈密顿[量]　Hamiltonian　02.007
哈密顿-雅可比方程　Hamilton-Jacobi equation　02.015

哈密顿原理　Hamilton principle　02.013
哈特曼数　Hartman number　05.324
海洋波　ocean wave　05.220
海洋环流　ocean circulation　05.206

海洋流　ocean current　05.207

海洋水动力学　marine hydrodynamics　04.245

亥姆霍兹定理　Helmholtz theorem　04.015

含混吸引子　vague attractor [of Kolmogorov]、VAK　05.459

含沙流　sediment-laden stream　04.273

含水层　aquifer　04.255

焓厚度　enthalpy thickness　04.353

焊接式应变计　weldable strain gage　03.443

行列式搜索法　determinant search method　03.634

豪斯多夫维数　Hausdorff dimension　05.470

耗散　dissipation　04.330

耗散函数　dissipative function　02.060

耗散结构　dissipation structure　05.521

耗散力　dissipative force　01.183

＊荷载　load　01.537

核爆炸　nuclear explosion　05.256

合力　resultant force　01.040

合力偶　resultant couple　01.046

合速度　resultant velocity　01.130

合同变换　contragradient transformation　03.610

赫艾-韦斯特加德应力空间　Haigh-Westergaard stress space　03.210

赫尔-肖流　Hele-Shaw flow　05.184

赫林格-赖斯纳原理　Hellinger-Reissner principle　03.528

赫兹理论　Hertz theory　03.046

亨基应力方程　Hencky stress equation　03.209

横波　transverse wave　01.450

横观各向同性　transverse isotropy　03.278

横截面　cross-section　01.595

横向加速度　transverse acceleration　01.145

横向剪切模量　transverse shear modulus　03.277

横向灵敏度　transverse sensitivity　03.442

横向灵敏系数　transverse gage factor　03.441

横向流　cross flow　05.237

横向速度　transverse velocity　01.134

恒力　constant force　01.084

桁架　truss　01.654

桁架杆元　truss element　03.559

轰燃　flashover　05.407

虹吸　siphon、syphon　01.434

洪水波　flood wave　04.242

宏观力学　macroscopic mechanics、macromechanics　01.008

宏观损伤　macroscopic damage　03.384

厚板元　thick plate element　03.567

厚壁筒　thick-walled cylinder　01.648

后处理　post-processing　03.653

后继屈服面　subsequent yield surface　03.180

后屈曲　post-buckling　01.695

后缘　trailing edge　04.147

胡[海昌]-鹫津原理　Hu-Washizu principle　03.527

胡克定律　Hooke law　01.558

蝴蝶效应　butterfly effect　05.450

蝴蝶[型突变]　butterfly　05.574

互溶流体　miscible fluid　05.191

互溶驱替　miscible displacement　05.190

互耦力　cross force　02.125

滑动　sliding　03.060

滑动接触　sliding contact　03.048

滑动摩擦　sliding friction　01.065

滑动摩擦系数　coefficient of sliding friction　01.066

＊滑环　slip ring　03.456

滑开型　sliding mode　03.340

滑轮　pulley　01.104

滑坡　landslide　05.399

滑移矢[量]　sliding vector　01.097

滑移速度　slip velocity　04.324

滑移线　slip-lines　03.200

滑移线场　slip-lines field　03.201

环　ring　01.653

环板　annular plate　03.021

环境流体力学　environmental fluid mechanics　05.222

环境效应　environmental effect　03.422

环境振动　ambient vibration　02.035

环壳　toroidal shell　03.032

环量　circulation　04.060

环流　circulation　04.059

KAM 环面　KAM torus　05.443

环状流　annular flow　05.099

缓冲器　buffer　02.082

缓冲作用 buffer action 05.157
缓流 subcritical flow 04.265
缓燃 deflagration 04.207
恢复冲量 impulse of restitution 01.246
恢复系数 coefficient of restitution 01.248
回波 echo 01.488
回流 back flow 04.293
回声 echo 01.489
回弹 springback 03.096
回转半径 radius of gyration 01.273
惠更斯原理 Huygens principle 01.442
汇 sink 04.121
汇交力 concurrent forces 01.076
*浑沌 chaos 05.438
混合层 mixing layer 05.241
混合法 mixed method 03.531
混合律 rule of mixture 03.290
混合物理论 theory of mixtures 05.016
混合物组份 constituents of a mixture 05.006
混合元 mixed element 03.538

混沌 chaos 05.438
混沌吸引子 chaotic attractor 05.442
混沌运动 chaotic motion 05.448
活化分子 activated molecule 05.146
活化能 activation energy 05.147
活载[荷] live load 01.541
火暴 fire storm 05.403
火箭 rocket 01.260
火龙卷 fire tornado 05.416
火蔓延 fire spread 05.418
火球 fire ball 05.275
火旋涡 fire whirl 05.417
火焰传播 flame propagation 05.169
火焰辐射 flame radiation 05.415
火焰结构 flame structure 05.177
火焰强度 flame intensity 05.414
火焰速度 flame speed 05.175
火焰驻定 flame stabilization 05.176
霍普夫分岔 Hopf bifurcation 05.426
霍普金森杆 Hopkinson bar 05.264

J

基底材料 backing material 03.429
基点 base point 01.189
基尔霍夫假设 Kirchhoff hypothesis 03.017
基浪 base surge 05.270
基频 fundamental frequency 02.080
基准电桥 reference bridge 03.452
机动分析 kinematic analysis 03.232
*机动容许场 kinematically admissible field 03.196
机动性 maneuverability 02.114
机器人动力学 robot dynamics 02.111
机械波 mechanical wave 01.459
机械导纳 mechanical admittance 02.089
机械功 mechanical work 01.293
机械能 mechanical energy 01.299
机械能守恒定律 law of conservation of mechanical energy 01.300
机械式应变仪 mechanical strain gage 03.437
机械效率 mechanical efficiency 02.090
*机械运动 mechanical motion 01.112
机械振动 mechanical vibration 01.324

机械阻抗 mechanical impedance 02.091
畸变波 distortion wave 03.082
畸变能 energy of distortion 01.605
畸变能理论 distortion energy theory 01.606
J 积分 J—integral 03.347
积分方法 integral method 04.485
积分型物质 material of integral type 05.005
迹线 path, path line 04.038
激波 shock wave 04.189
激波捕捉法 shock—capturing method 04.498
激波层 shock layer 04.195
激波管 shock tube 04.378
激波管风洞 shock tube wind tunnel 04.379
激波拟合法 shock—fitting method 04.499
激波阵面 shock front 04.194
激光爆炸 laser—induced explosion 05.255
激光多普勒测速计 laser Doppler anemometer, laser Doppler velocimeter 04.397
极分解 polar decomposition 05.040
极惯性矩 polar moment of inertia 01.596
极矢[量] polar vector 01.212

极限分析　limit analysis　03.171

极限环　limit cycle　05.537

极限面　limit surface　03.173

极限设计　limit design　03.172

极限速度　limiting velocity　01.226

极限载荷　limit load　03.120

集流器　slip ring　03.456

集中力　concentrated force　01.086

集中载荷　concentrated load　01.538

集总参量系统　lumped parameter system　02.047

集总质量矩阵　lumped mass matrix　03.596

急变流　rapidly varied flow　04.268

急流　supercritical flow　04.266

挤出[物]胀大　extrusion swell, die swell　05.284

挤压　extrusion　03.097

几何矩阵　geometric matrix　03.589

几何相似　geometric similarity　04.110

计尘仪　koniscope　05.373

计算结构力学　computational structural mechanics　03.519

计算力学　computational mechanics　01.018

计算流体力学　computational fluid mechanics　04.452

计算区域　computational domain　04.526

记忆函数　memory function　05.304

夹层板　sandwich panel　03.260

夹层梁　sandwich beam　01.637

伽利略变换　Galilean transformation　01.174

伽利略不变性　Galilean invariance　01.176

伽利略相对性原理　Galilean principle of relativity　01.175

伽辽金法　Galerkin method　04.484

加加速度　jerk　01.143

加劲板　stiffened plate, reinforced plate　03.023

加权残量法　weighted residual method　03.520

*加权残值法　weighted residual method　03.520

加速度　acceleration　01.141

加速度波　acceleration wave　03.123

加速度计　accelerometer　01.230

加速度瞬心　instantaneous center of acceleration　01.191

加速运动　accelerated motion　01.159

加载　loading　01.545

加载函数　loading function　03.109

加载面　loading surface　03.110

加载准则　loading criterion　03.108

尖拐[型突变]　cusp [catastrophe]　05.569

检验函数　test function　03.613

简单波　simple wave　03.076

简单加载　simple loading　03.113

简单奇点　simple singularity　05.535

简单物质　simple material　05.002

简化质量　reduced mass　01.311

简化中心　center of reduction　01.071

简谐波　simple harmonic wave　01.458

简谐运动　simple harmonic motion　01.331

简谐振动　simple harmonic oscillation, simple harmonic vibration　01.332

简约频率　reduced frequency　05.245

简正模[态]　normal mode　01.362

简正频率　normal frequency　01.358

简正振动　normal mode of vibration, normal vibration　01.359

简正坐标　normal coordinate　01.363

简支　simply supported　01.624

简支梁　simply supported beam　01.625

剪力　shear force　01.678

剪力图　shear force diagram　01.679

剪切　shear　01.684

剪切波　shear wave　01.400

剪切层　shear layer　04.307

剪切唇　shear lip　03.362

剪切带　shear band　03.361

剪切角　angle of shear　01.399

剪切流　shear flow　04.284

剪[切]模量　shear modulus　01.401

剪[切]应变　shear strain　01.525

剪[切]应力　shear stress　01.499

剪切致稠　shear thickening　05.288

剪切致稀　shear thinning　05.289

剪[切]中心　shear center　01.685

剪胀效应　dilatancy effect　05.286

剪滞分析　shear lag analysis　03.280

减振　vibration reduction　02.094

减阻　drag reduction　04.091

渐变流　gradually varied flow　04.267

渐近稳定性 asymptotic stability 02.027

浆体 slurry 04.336

降阶积分 reduced integration 03.617

降水曲线 dropdown curve 04.274

焦点 focus 05.534

胶粘度 gumminess 05.358

交变应力 alternating stress 03.412

交变载荷 alternating load 03.411

交错网格 staggered mesh 04.544

交替方向隐格式 alternating direction implicit scheme, ADI scheme 04.508

铰接端 hinged end 01.107

铰[链] hinge 01.650

*角动量 angular momentum 01.261

角加速度 angular acceleration 01.142

角节点 corner node 03.554

角频率 angular frequency 01.337

角速度 angular velocity 01.128

角速度矢[量] angular velocity vector 01.211

角位移 angular displacement 01.210

角[向]运动 angular motion 01.207

接触面 contact surface 05.161

接触应力 contact stress 03.045

接头 joint 01.659

阶跃载荷 step load 03.118

截面法 method of sections 03.234

截面模量 section modulus 01.597

截面形状因子 shape factor of cross-section 03.182

节点 node, nodal point 03.552

节点号 node number 03.626

节点数可变元 variable-number-node element 03.580

节点位移 nodal displacement 03.591

节点载荷 nodal load 03.592

结点 node 05.533

结点法 method of joints 03.233

结点力 joint forces 03.235

结构动力学 structural dynamics 03.216

结构分析 structural analysis 03.215

结构分析程序 structural analysis program 03.651

结构抗撞毁性 structural crashworthiness 03.093

结构力学 structural mechanics 03.214

结构稳定性 structural stability 02.028

解除约束原理 principle of removal of constraint 01.081

解理断裂 cleavage fracture 03.301

解谐 detuning 02.059

界面 interface 05.125

界面变量 interface variable 03.551

界面波 interfacial wave 03.087

界限定理 bound theorem 03.178

介质 medium 04.003

金属成形 metal forming 03.091

紧差分格式 compact difference scheme 04.510

紧凑拉伸试件 compact tension specimen, CT specimen 03.369

进动 precession 01.285

进动角 angle of precession 01.201

进口 entrance, inlet 04.099

近场流 near field flow 04.289

近似因子分解法 approximate factorization method 04.474

浸渐消去法 adiabatic elimination 05.502

晶间断裂 inter-granular fracture 03.304

经典力学 classical mechanics 01.003

颈缩 necking 01.580

颈轴承 journal bearing 01.102

静不平衡 static unbalance 02.120

静定 statically determinate 01.093

静定结构 statically determinate structure 01.660

静定梁 statically determinate beam 01.631

静矩 static moment 01.591

静力安定定理 static shake-down theorem 03.104

静力容许场 statically admissible field 03.197

静力学 statics 01.004

静摩擦 static friction 01.067

静凝聚 static condensation 03.609

静平衡 static balancing 02.118

静水应力状态 hydrostatic state of stress 03.134

静[态]校准 static calibration 04.375

静压 static pressure 01.425

静压管 static [pressure] tube 04.394

静压头 static head 04.066

镜象法 image method 04.108

径矢 radius vector 01.119

径向加速度 radial acceleration 01.144

径向速度 radial velocity 01.133

窘组 frustration 05.505

窘组函数 frustration function 05.507

窘组嵌板 frustration plaquette 05.506

窘组网络 frustration network 05.508

窘组位形 frustrating configuration 05.509

久期不稳定性 secular instability 02.029

久期项 secular term 02.064

局部应力 localized stress 01.509

局部作用原理 principle of local action 05.011

局部坐标 local coordinate 03.605

局部坐标系 local coordinate system 03.604

局域相似 local similarity 04.333

矩量法 moment method 04.489

矩矢[量] moment vector 01.052

矩心 center of moment 01.051

矩形板 rectangular plate 03.019

矩阵位移法 matrix displacement method 03.246

* 举力 lift force 01.427

聚爆 implosion 05.261

聚合物减阻 drag reduction by polymers 05.283

卷筒图型 roll pattern 05.517

卷筒涡胞 roll cell 04.056

决定性原理 principle of determinism 05.009

绝对反应速率 absolute reaction rate 05.143

绝对加速度 absolute acceleration 01.151

绝对速度 absolute velocity 01.136

绝对温度 absolute temperature 05.144

绝对压强 absolute pressure 05.142

绝对运动 absolute motion 01.160

绝热火焰温度 adiabatic flame temperature 05.150

绝热流 adiabatic flow 04.172

绝热膨胀 adiabatic expansion 05.149

绝热压缩 adiabatic compression 05.148

均匀流 uniform flow 04.073

均匀应变状态 homogeneous state of strain 03.007

均匀应力状态 homogeneous state of stress 03.003

均质流 homogeneous flow 05.105

K

卡门涡街 Karman vortex street 04.053

卡普兰-约克猜想 Kaplan-Yorke conjecture 05.472

卡氏第二定理 Castigliano second theorem 01.612

卡氏第一定理 Castigliano first theorem 01.611

开尔文定理 Kelvin theorem 04.016

开尔文体 Kelvin body 05.342

开尔文问题 Kelvin problem 03.013

开普勒定律 Kepler law 01.308

开折 unfolding 05.563

凯恩方法 Kane method 02.115

康托尔集[合] Cantor set 05.473

[抗]剪切角 angle of shear resistance 05.075

抗扭刚度 torsional rigidity 01.689

抗弯刚度 flexural rigidity 01.682

抗弯强度 bending strength 01.405

颗粒材料 granular material 03.052

颗粒复合材料 particulate composite 03.258

科赫岛 Koch island 05.469

科赫曲线 Koch curve 05.476

科里奥利加速度 Coriolis acceleration 01.154

科里奥利力 Coriolis force 01.318

* 科氏加速度 Coriolis acceleration 01.154

* 科氏力 Coriolis force 01.318

壳 shell 03.026

壳元 shell element 03.566

[可]变形体 deformable body 01.391

可成形性 formability 03.090

可湿性 wettability 05.202

可贴变形 applicable deformation 05.344

可贴曲面 applicable surface 05.345

可压缩流[动] compressible flow 04.170

可压缩流体 compressible fluid 04.171

可遗坐标 ignorable coordinate 01.386

可用能量 available energy 05.156

克兰克-尼科尔森格式 Crank-Nicolson scheme 04.512

克罗索夫-穆斯赫利什维利法 Kolosoff-Muskhelishvili method 03.016

客观性原理 principle of objectivity 05.012

空化 cavitation 04.236

空化数 cavitation number 04.237

空间结构 space structure 03.222

空间滤波 spatial filtering 03.480

空间频率 spatial frequency 03.481

*空间瞬心迹 herpolhode 01.193

空间桁架 space truss 03.223

空泡流 cavity flow 04.124

空气动力学 aerodynamics 04.127

空气热化学 aerothermochemistry 05.141

空气阻力 air resistance 01.428

*空腔流 cavity flow 04.124

空蚀 cavitation damage 04.238

空隙 void 05.199

空隙分数 void fraction 05.200

空穴化 cavitation 03.374

空中爆炸 explosion in air 05.251

孔板流量计 orifice meter 04.363

孔流 orifice flow 04.262

孔隙比 void ratio 05.069

孔隙度 porosity 05.195

孔隙率 porosity 05.072

孔压[误差]效应 hole-pressure [error] effect 05.287

控制参量 control parameter 05.425

*控制方程 governing equation 04.010

控制体积 control volume 04.030

*口模胀大 extrusion swell, die swell 05.284

库埃特流 Couette flow 04.070

库仑摩擦定律 Coulomb law of friction 01.070

库仑阻尼 Coulomb damping 02.038

库塔-茹可夫斯基条件 Kutta-Zhoukowski condition 04.018

跨临界分岔 transcritical bifurcation 05.562

跨声速流[动] transonic flow 04.132

*跨音速流[动] transonic flow 04.132

跨越集团 spanning cluster 05.526

快变量 fast variable 05.515

狂燃火 running fire 05.413

*框架 frame 01.655

傀载[荷]法 dummy-load method 01.704

扩程逾渗 extend range percolation 05.513

扩容 dilatancy 05.085

扩散 diffusion 04.442

扩散段 diffuser 04.383

扩散率 diffusivity 04.444

扩散速度 diffusion velocity 04.445

扩散性 diffusivity 04.443

L

拉拔 drawing 03.094

拉格朗日乘子 Lagrange multiplier 02.002

拉格朗日函数 Lagrangian function 02.019

拉格朗日括号 Lagrange bracket 02.004

拉格朗日[量] Lagrangian 02.003

拉格朗日湍流 Lagrange turbulence 05.496

拉格朗日元 Lagrange element 03.581

拉格朗日族 Lagrange family 03.582

拉克斯等价定理 Lax equivalence theorem 04.458

拉克斯-温德罗夫格式 Lax-Wendroff scheme 04.517

拉力 tensile force 01.082

拉梅常量 Lamé constants 03.009

拉伸 tension 01.662

拉伸流动 elongational flow 05.311

拉伸粘度 elongational viscosity 05.310

拉伸失稳 instability in tension 03.122

拉伸试验 tensile test 01.561

拉[伸]应变 tensile strain 01.527

拉[伸]应力 tensile stress 01.502

拉索 guy cable 01.105

拉瓦尔喷管　Laval nozzle　04.181

莱维法　Levy method　03.040

莱维-米泽斯关系　Levy–Mises relation　03.208

来流　incoming flow　04.095

兰金-于戈尼奥条件　Rankine–Hugoniot condition　04.177

劳斯方程　Routh equation　02.018

勒夫波　Love wave　03.086

勒斯勒尔方程　Rössler equation　05.447

雷尼熵　Renyi entropy　05.482

雷尼信息　Renyi information　05.483

雷诺比拟　Reynolds analogy　04.422

雷诺数　Reynolds number　04.021

累积塑性应变　accumulated plastic strain　03.144

累积损伤　accumulated damage　03.381

厘泊　centipoise　04.305

厘沱　centistoke　04.306

黎曼解算子　Riemann solver　04.534

离解　dissociation　04.162

离面云纹法　off–plane moiré method　03.511

离散化　discretization　03.543

离散流体[模型]　discrete fluid　05.522

离散涡　discrete vortex　04.553

离散系统　discrete system　03.544

离散相　dispersed phase　05.115

离心力　centrifugal force　01.221

离心收缩功　eccentric work　05.349

理查森数　Richardson number　05.225

理论力学　theoretical mechanics　01.014

理想刚塑性材料　rigid–perfectly plastic material　03.148

理想流体　ideal fluid　01.411

理想塑性材料　perfectly plastic material　03.150

理想弹塑性材料　elastic–perfectly plastic material　03.170

理想约束　ideal constraint　01.369

理性力学　rational mechanics　01.019

李雅普诺夫函数　Lyapunov function　02.026

李雅普诺夫维数　Lyapunov dimension　05.480

李雅普诺夫指数　Lyapunov exponent　05.478

李-约克定理　Li–Yorke theorem　05.439

李-约克混沌　Li–Yorke chaos　05.440

里茨法　Ritz method　03.524

里夫林-埃里克森张量　Rivlin–Ericksen tensor　05.017

粒子束爆炸　explosion by beam radiation　05.260

力　force　01.022

力臂　moment arm of force　01.047

力场　force field　01.305

力的分解　resolution of force　01.041

力的合成　composition of forces　01.042

力的可传性　transmissibility of force　01.029

力的平衡　equilibrium of forces　01.035

力多边形　force polygon　01.032

力法　force method　01.700

力矩　moment of force　01.048

力矩分配　moment distribution　03.242

力矩分配法　moment distribution method　03.243

力矩再分配　moment redistribution　03.244

力螺旋　force screw　01.057

力偶　couple　01.043

力偶臂　arm of couple　01.044

力偶矩　moment of couple　01.049

力偶矩矢　moment vector of couple　01.053

力偶系　system of couples　01.045

力三角形　force triangle　01.031

力系　system of forces　01.025

力系的简化　reduction of force system　01.026

* 力系的约化　reduction of force system　01.026

力心　center of force　01.304

力学　mechanics　01.001

力学系统　mechanical system　01.366

力学运动　mechanical motion　01.112

连通键　connected bond, unblocked bond　05.503

连续过程　continuous process　05.163

连续介质　continuous medium　01.389

连续介质假设　continuous medium hypothesis　04.006

连续介质力学　mechanics of continuous media　04.002

连续介质损伤力学　continuum damage mechanics　03.379

连续梁　continuous beam　01.633

连续泥石流　continuous debris flow　05.387

连续统　continuum　01.390

连续位错　continuous dislocation　05.024

C^0 连续问题　C^0-continuous problem　03.545

C^1 连续问题　C^1-continuous problem　03.546

连续相　continuous phase　05.114

连续[性]方程　continuity equation　01.415

连续旋错　continuous dislination　05.023

涟漪　ripple　04.243

梁　beam　01.623

梁腹　web　01.640

梁元　beam element　03.560

梁柱　beam-column　01.641

量纲分析　dimensional analysis　03.042

量热状态方程　caloric equation of state　04.179

亮条纹　light fringe　03.474

裂缝　flaw　03.308

* 裂尖　crack tip　03.328

裂尖奇异场　crack tip singularity field　03.331

裂尖张角　crack tip opening angle, CTOA　03.329

裂尖张开位移　crack tip opening displacement, CTOD　03.330

裂纹　crack　03.307

裂纹闭合　crack closure　03.321

裂纹钝化　crack blunting　03.319

裂纹分叉　crack branching　03.320

裂纹尖端　crack tip　03.328

裂纹扩展　crack growth, crack propagation　03.424

裂纹[扩展]减速　crack retardation　03.336

裂纹扩展速率　crack growth rate　03.332

裂纹萌生　crack initiation　03.425

裂纹面　crack surface　03.327

裂纹片　crack gage　03.423

裂纹前缘　crack front　03.322

裂纹张开角　crack opening angle, COA　03.324

裂纹张开位移　crack opening displacement, COD　03.325

裂纹阻力　crack resistance　03.326

裂纹嘴　crack mouth　03.323

劣化　degradation　03.267

猎食模型　predator-prey model　05.433

* 猎物-捕食者模型　predator-prey model　05.433

临界雷诺数　critical Reynolds number　04.154

临界流　critical flow　04.269

临界热通量　critical heat flux　04.440

临界转速　critical speed of rotation　02.044

临界阻尼　critical damping　01.347

零[点]漂移　zero shift, zero drift　03.431

零力系　null-force system　01.033

零能模式　zero-energy mode　03.618

流变测量学　rheometry　05.134

流变学　rheology　05.282

流变仪　rheometer　05.138

流场　flow field　04.039

流出边界条件　outflow boundary condition　04.472

流[动]　flow　04.034

流动参量　flow parameter　04.041

流动法则　flow rule　03.198

流动分离　flow separation　04.309

流动稳定性　flow stability　04.278

流动显示　flow visualization　04.361

流动应力　flow stress　03.130

流动阈值　fluid threshold　05.371

流度比　mobility ratio　05.193

流管　stream tube　04.037

流函数　stream function　04.119

流控技术　fluidics　05.233

流量　flow rate, flow discharge　04.042

流量计　flow meter　04.400

流面　stream surface　04.036

流入边界条件　inflow boundary condition　04.469

流沙　shifting sand　05.382

流沙固定　fixation of shifting sand　05.370

流速计　anemometer　04.395

流速线　velocity line　05.385

流态　flow regime　04.040

流[态]化　fluidization　05.124

流体　fluid　01.410

流体动力学　fluid dynamics　04.001

流体静力学　hydrostatics　01.413

流体力学　fluid mechanics　01.013

流体弹塑性体　hydro-elastoplastic medium　05.249

流体网格法　fluid in cell method, FLIC method　04.481

流体运动学　fluid kinematics　04.007

流体质点　fluid particle　04.004

流线　stream line　04.035

流型　flow pattern　05.123

六角[形]图型　hexagon pattern　05.518

六面体元　hexahedral element　03.571

路程　path　01.123

路径　path, itinerary　01.122

路径相关性　path-dependency　03.156

吕埃勒-塔肯斯道路　Ruelle-Takens route　05.436

吕荣　lugeon　05.061

* 缕流　plume　05.224

率无关理论　rate independent theory　03.106

率相关理论　rate dependent theory　03.105

掠面速度　areal velocity　01.135

螺旋流　spiral flow　05.238

螺旋运动　helical motion　01.166

罗斯贝波　Rossby wave　05.216

罗斯贝数　Rossby number　05.215

逻辑斯谛映射　logistic map[ping]　05.541

洛德应变参数　Lode strain parameter　03.211

洛德应力参数　Lode stress parameter　03.207

洛伦茨吸引子　Lorenz attractor　05.441

洛氏硬度　Rockwell hardness　01.578

洛特卡-沃尔泰拉方程　Lotka-Volterra equation　05.579

M

马蒂厄方程　Mathieu equation　02.056

马格努斯效应　Magnus effect　05.097

马赫波　Mach wave　04.186

马赫反射　Mach reflection　05.269

马赫角　Mach angle　04.182

马赫数　Mach number　04.185

马赫线　Mach line　04.184

马赫锥　Mach cone　04.183

马蹄涡　horseshoe vortex　04.054

麦克斯韦模型　Maxwell model　05.296

脉冲全息法　pulsed holography　03.491

脉冲载荷　pulse load　03.119

脉线　streak line　04.408

慢变量　slow variable　05.516

芒德布罗集[合]　Mandelbrot set　05.479

猫脸映射　cat map [of Arnosov]　05.549

毛[细]管流　capillary flow　05.185

毛细[管]作用　capillarity　04.094

梅利尼科夫积分　Mel'nikov integral　05.580

弥散　dispersion　04.105

米泽斯屈服准则　Mises yield criterion　03.204

密度　density　01.092

密歇尔斯基公式　Meshcherskii formula　01.259

幂律流体　power law fluid　05.129

幂律模型　power law model　05.300

幂强化　power hardening　03.162

面包师变换　baker's transformation　05.543

面积坐标　area coordinates　03.606

面矩　moment of area　01.050

面内云纹法　in-plane moiré method　03.515

明槽流　open channel flow　04.261

名义应变　nominal strain　01.535

名义应力　nominal stress　03.126

模糊振动　fuzzy vibration　02.043

模量　modulus　01.553

模态叠加法　mode superposition method　03.645

模态分析　modal analysis　02.074

膜力　membrane force　01.652

摩擦角　angle of friction　01.069

摩擦力　friction force　01.061

* 摩擦速度　friction velocity　04.327

摩擦损失　friction loss　04.328

摩擦因子　friction factor　04.329

蘑菇云　mushroom　05.277

魔[鬼楼]梯　devil's staircase　05.429

末速[度]　final velocity　01.140

莫尔圆　Mohr circle　01.589

穆曼-科尔格式　Murman-Cole scheme

N

纳维-斯托克斯方程　Navier-Stokes equation　04.338

耐撞性　crashworthiness　03.092

挠度　deflection　01.675

挠曲　flexure　01.681

挠性转子　flexible rotor　02.126

内变量　internal variable　03.146

内部约束　internal constraint　05.047

内节点　internal node　03.556

内聚区　cohesive zone　03.356

内力　internal force　01.072

内流　internal flow　04.298

内摩擦　internal friction　05.219

内摩擦角　angle of internal friction　05.070

内时理论　endochronic theory　05.014

内禀方程　intrinsic equation　01.156

内禀抗剪强度　intrinsic shear strength　05.065

内禀随机性　intrinsic stochasticity　05.458

嫩度　tenderness　05.360

能量沉积　energy deposition　05.272

能量传递　energy transfer　04.436

能量法　energy method　04.479

能量方程　energy equation　04.029

能量耗散率　energy dissipating rate　03.191

能量厚度　energy thickness　04.352

能量平衡　energy balance　05.033

能量释放率　energy release rate　03.355

能量守恒　conservation of energy　04.027

能量守恒定律　law of conservation of energy　01.302

能量输运　energy transport　04.068

能量吸收装置　energy absorbing device　03.190

能流　energy flux　01.494

能流密度　energy flux density　01.495

泥流　mud flow　05.095

泥石流　debris flow　05.386

泥石流地声　geosound of debris flow　05.390

泥石铺床　bed-predeposit of mud　05.389

拟牛顿法　quasi-Newton method　03.638

拟塑性流体　pseudoplastic fluid　05.130

拟序结构　coherent structure　04.299

逆散射法　inverse scattering method　05.465

粘稠度　stickiness　05.359

粘度　viscosity　01.417

粘度测定法　visco[si]metry　04.360

粘度函数　viscosity function　05.307

粘度计　visco[si]meter　04.401

粘聚力　cohesion　05.078

粘塑性　viscoplasticity　03.168

粘弹塑性材料　viscoelasto-plastic material　05.293

粘弹性　viscoelasticity　03.056

粘弹性流体　viscoelastic fluid　05.133

粘贴箔式应变计　bonded foiled gage　03.446

粘贴式应变计　bonded strain gage　03.445

粘贴丝式应变计　bonded wire gage　03.447

粘性　viscosity　01.416

粘[性]力　viscous force　01.431

粘性流[动]　viscous flow　04.285

粘性流体　viscous fluid　01.412

* 粘性系数　coefficient of viscosity　01.417

凝结　condensation　04.450

牛顿第二定律　Newton second law　01.215

牛顿第三定律　Newton third law　01.216

牛顿第一定律　Newton first law　01.214

牛顿-拉弗森法　Newton-Raphson method　03.639

牛顿力学　Newtonian mechanics　01.002

牛顿流体　Newtonian fluid　04.339

扭摆　torsional pendulum　01.403

扭秤　torsion balance　01.402

扭矩　torsional moment　01.687

扭矩图　torque diagram　01.688

扭曲　twist　01.691

扭转　torsion　01.686

扭[转]应力　torsional stress　01.508

扭[转]应力函数　stress function of torsion

03.035

浓度 concentration 04.441

浓度梯度 concentration gradient 05.173

浓相 dense phase 05.112

农业生物力学 agrobiomechanics 05.355

努塞特数 Nusselt number 04.420

诺特定理 Noether theorem 02.020

O

欧几里得维数 Euclidian dimension 05.474

欧拉方程 Euler equation 04.014

欧拉角 Eulerian angle 01.200

欧拉临界载荷 Euler critical load 01.696

欧拉流体动力学方程 Euler equations for hydrodynamics 01.406

欧拉数 Euler number 04.247

欧拉运动学方程 Euler kinematical equations 01.204

偶极子 doublet, dipole 04.062

P

爬升效应 climbing effect 05.029

帕里斯公式 Paris formula 03.373

帕斯卡定律 Pascal law 01.407

拍 beat 01.490

拍频 beat frequency 01.491

排斥子 repellor 05.455

排放量 discharge 04.257

排放物 effulent 05.231

排水 drainage 04.256

潘索运动 Poinsot motion 01.288

庞加莱截面 Poincaré section 05.548

庞加莱映射 Poincaré map 05.547

胖分形 fat fractal 05.487

抛体运动 projectile motion 01.167

抛物脐[型突变] parabolic umbilic 05.571

抛物线拱 parabolic arch 03.219

泡沫复合材料 foamed composite 03.257

泡状流 bubble flow 05.100

配点法 point collocation 03.523

配置方法 collocation method 04.478

喷管 nozzle 04.167

膨胀 expansion 03.265

膨胀波 dilatation wave 03.083

碰撞 collision 01.250

碰撞参量 impact parameter 01.251

碰撞反应速率 collision reaction rate 05.171

碰撞截面 collision cross section 05.164

皮托管 Pitot tube 04.385

疲劳 fatigue 03.396

疲劳断裂 fatigue fracture 03.404

疲劳辉纹 fatigue striations 03.409

疲劳裂纹 fatigue crack 03.405

疲劳破坏 fatigue rupture 03.407

疲劳强度 fatigue strength 03.408

疲劳失效 fatigue failure 03.403

疲劳寿命 fatigue life 03.406

疲劳寿命计 fatigue life gage 03.458

疲劳损伤 fatigue damage 03.402

疲劳阈值 fatigue threshold 03.410

偏心加载 eccentric loading 01.549

偏心拉伸 eccentric tension 01.666

偏心压缩 eccentric compression 01.667

频率响应 frequency response 04.364

频谱 frequency spectrum 02.079

品质因数 quality factor 01.356

平衡 equilibrium 01.034

平衡电桥 balanced bridge 03.444

平衡迭代 equilibrium iteration 03.646

平衡流 equilibrium flow 05.102

平衡态 equilibrium state 01.038

平衡条件 equilibrium condition 01.036

平衡位置 equilibrium position 01.037

平截面假定 plane cross-section assumption 01.674

平均法 averaging method 02.057

平均速度 average velocity, mean velocity 01.131

平流 advection 05.209

平面波　plane wave　01.454
平面铰　planar hinge　01.108
平面流　plane flow　04.113
平面弯曲　plane bending　01.671
平面应变　plane strain　01.588
平面应力　plane stress　01.587
平面运动　planar motion　01.188
平行力　parallel forces　01.087
平行力系中心　center of parallel force system　01.088
平行四边形定则　parallelogram rule　01.030
平行轴定理　parallel axis theorem　01.274
平移　translation　01.184

破坏　fracture, failure　01.582
破坏机构　collapse mechanism　03.095
破裂　rupture　01.581
破碎波　breaking wave　04.230
普朗特-罗伊斯关系　Prandtl-Reuss relation　03.205
普朗特-迈耶流　Prandtl-Meyer flow　04.168
普朗特数　Prandtl number　04.421
普雷斯顿管　Preston tube　04.386
普适变形　universal deformation　05.050
普适性　universality　05.565
谱方法　spectral method　04.500

Q

奇点　singularity　05.527
奇怪吸引子　strange attractor　05.460
奇异面　singular surface　05.045
*奇异扰动　singular perturbation　05.467
奇异摄动　singular perturbation　05.467
起爆　initiation of explosion　05.262
起动涡　starting vortex　04.316
起伏运动　phugoid motion　02.098
起伏振荡　phugoid oscillation　02.099
起偏镜　polarizer　03.482
气动弹性　aeroelasticity　03.072
气动加热　aerodynamic heating　04.161
气动力　aerodynamic force　04.159
气动热力学　aerothermodynamics　04.130
气动噪声　aerodynamic noise　04.160
气动中心　aerodynamic center　04.158
气-固流　gas-solid flow　05.108
气化　gasification　04.449
气浪　airsurge　05.391
气力输运　pneumatic transport　05.117
气泡形成　bubble formation　05.118
*气蚀　cavitation damage　04.238
气体动力学　gas dynamics　04.164
气体润滑　gas lubrication　04.334
气压计　barometer　01.433
气-液流　gas-liquid flow　05.107
牵连惯性力　convected inertial force　01.321
牵连加速度　convected acceleration　01.152

牵连速度　convected velocity　01.137
牵连运动　convected motion　01.161
迁移率　mobility　05.192
[钱]币状裂纹　penny-shape crack　03.315
前处理　pre-processing　03.652
前进波　advancing wave, progressive wave　01.453
前屈曲　pre-buckling　01.694
前缘涡　leading edge vortex　04.155
浅水波　shallow water wave　04.224
*嵌入梁　built-in beam, clamped-end beam　01.627
欠阻尼　underdamping　01.348
强爆炸　intense explosion　05.259
强度极限　ultimate strength　01.566
强度理论　theory of strength　01.613
强度应力比　strength-stress ratio　03.276
强度折减系数　strength reduction factor　03.275
强化模量　strain-hardening modulus　03.161
强迫边界条件　forced boundary condition　03.541
强迫对流　forced convection　04.427
强守恒型　strong conservation form　04.537
桥路平衡　bridge balancing　03.448
巧凑边点元　serendipity element　03.583
巧凑边点族　serendipity family　03.584
翘曲　warping　01.692

翘曲函数　warping function　03.036
切分岔　tangent bifurcation　05.564
切线刚度矩阵　tangent stiffness matrix　03.643
切向加速度　tangential acceleration　01.146
切向应力　tangential stress　01.398
侵彻　penetration　05.278
侵入物　invader　05.431
轻气炮　light gas gun　05.268
氢泡法　hydrogen bubble method　04.370
倾覆力矩　capsizing moment　02.031
穹顶　dome　03.221
球铰　spherical hinge　01.109
球壳　spherical shell　03.029
球面摆　spherical pendulum　01.269
球面波　spherical wave　01.455
区域分解　domain decomposition　04.530
曲梁　curved beam　01.630
曲线元　curved element　03.572
曲线运动　curvilinear motion　01.164
曲线坐标　curvilinear coordinates　03.608
屈服　yield　03.184
屈服点　yield point　01.396
屈服函数　yield function　03.187
屈服极限　yield limit　01.565

屈服面　yield surface　03.188
屈服面[的]外凸性　convexity of yield surface　03.181
屈服强度　yield strength　01.568
屈服条件　yield condition　03.185
屈服准则　yield criterion　03.186
屈曲　buckling　01.693
屈曲模态　buckling mode　03.252
驱动力　driving force　01.351
权函数　weight function　03.614
全变差下降格式　total variation decreasing scheme, TVD scheme　04.524
全场分析法　whole-field analysis　03.501
全局分岔　global bifurcation　05.428
全息干涉法　holographic interferometry　03.498
全息光弹性法　holo-photoelasticity　03.495
全息术　holography　03.500
全息图　hologram　03.496
全息云纹法　holographic moiré technique　03.499
全息照相　holograph　03.497
缺陷　defect　03.309
群速　group velocity　01.492

R

燃烧不稳定性　combustion instability　05.166
燃烧带　burning zone　05.181
燃烧理论　combustion theory　05.172
燃烧率　burning rate　05.159
燃烧速度　burning velocity　05.160
*染色线　streak line　04.408
扰动　disturbance, perturbation　04.101
绕射　diffraction　04.201
热传导　conductive heat transfer　04.438
热对流　heat convection　04.428
热光弹性　photo-thermo-elasticity　03.476
热交换　heat exchange　04.439
热量传递　heat transfer　04.431
热敏电阻　thermistor　04.405
热膜流速计　hot-film anemometer　04.399
热塑不稳定性　thermoplastic instability　05.250

热弹性　thermoelasticity　03.054
热线流速计　hot-wire anemometer　04.398
热应变　thermal strain　01.531
热应力　thermal stress　01.511
热影响区　heat affected zone, HAZ　03.359
热状态方程　thermal equation of state　04.166
人工粘性　artificial viscosity　04.476
人工压缩　artificial compression　04.475
韧度　toughness　01.570
韧性　toughness　01.569
揉面变换　kneading transformation　05.551
柔度　compliance　01.560
柔度法　flexibility method　01.703
柔度系数　flexibility coefficient　03.241
茹利亚集[合]　Julia set　05.475
蠕变　creep　01.584
蠕变断裂　creep fracture　03.302

蠕变疲劳　creep fatigue　03.400
入侵逾渗　invasion percolation　05.512
软激励　soft excitation　02.069
软弹簧　soft spring, softening spring　02.068
瑞利–贝纳尔不稳定性　Rayleigh–Bénard instability　05.499
瑞利波　Rayleigh wave　03.084

瑞利定理　Rayleigh theorem　02.071
瑞利–里茨法　Rayleigh–Ritz method　03.038
瑞利流　Rayleigh flow　04.169
瑞利数　Rayleigh number　04.213
瑞利阻尼　Rayleigh damping　03.599
弱解　weak solution　04.533
弱守恒型　weak conservation form　04.536

S

三次元　cubic element　03.575
三点弯曲试件　three point bending specimen, TPB specimen　03.366
三铰拱　three–hinged arch　03.218
三角形元　triangular element　03.568
三体问题　three–body problem　01.312
三弯矩方程　three–moment equation　03.238
三维流　three–dimensional flow　04.076
三维元　three–dimensional element　03.563
三轴拉伸试验　three–axial tensile test　05.058
三轴试验　triaxial test　05.059
三轴压缩试验　three–axial compression test　05.057
散斑　speckle　03.503
散斑干涉法　speckle interferometry　03.502
散斑图　specklegram　03.505
散度型　divergence form　04.538
散射　scattering　04.199
散体力学　mechanics of granular media　03.053
色散　dispersion　04.104
沙暴　sand storm　05.381
沙波纹　sand ripple　05.379
沙堆比拟　sand heap analogy　03.183
沙尔科夫斯基序列　Sharkovskii sequence　05.542
沙勒定理　Chasles theorem　01.199
沙漠地面　desert floor　05.369
沙土液化　liquefaction of sand　05.094
沙影　sand shadow　05.380
山洪　torrent　05.400
闪点　flash point　05.404
闪耀　flare up　05.405
＊扇形速度　sector velocity　01.135

熵不等式　entropy inequality　05.039
熵函数　entropy function　04.555
熵条件　entropy condition　04.467
熵通量　entropy flux　04.554
熵增　entropy production　05.036
上屈服点　upper yield point　03.175
上限定理　upper bound theorem　03.174
烧蚀　ablation　05.162
蛇行　hunting　02.087
摄动　perturbation　01.314
射流　jet　04.295
＊射流技术　fluidics　05.233
伸缩张量　stretch tensor　05.022
深埋裂纹　embedded crack　03.314
深水波　deep water wave　04.225
渗流　flow in porous media, seepage　05.182
渗流力　seepage force　05.076
渗透流　osmotic flow　05.361
渗透率　permeability　05.194
渗透系数　coefficient of permeability　05.074
渗透性　permeability　05.353
声波　sound wave　01.480
声导　acoustic conductance　01.477
声导纳　acoustic admittance　01.476
声调　intonation　01.467
声共振　acoustic resonance　01.479
声级　sound level　01.470
声抗　acoustic reactance　01.474
声呐　sonar　01.486
声纳　acoustic susceptance　01.478
声强　intensity of sound　01.465
声强计　phonometer　01.466
声速　sound velocity　01.482
声学　acoustics　01.460

声压[强] sound pressure 01.471

声[音] sound 01.464

声源 sound source 01.472

声张量 acoustic tensor 05.018

声阻 acoustic resistance 01.475

声阻抗 acoustic impedance 01.473

生理横截面积 physiological cross-sectional area 05.354

生灭过程 birth-and-death process 05.545

生物固体力学 biological solid mechanics 05.340

生物力学 biomechanics 05.338

生物流变学 biorheology 05.325

生物流体 biofluid 05.326

生物流体力学 biological fluid mechanics 05.339

生物屈服点 bioyield point 05.327

生物屈服应力 bioyield stress 05.328

升力 lift force 01.427

盛行风 prevailing wind 05.374

圣维南原理 Saint-Venant principle 01.708

失速 stall 04.149

失效 failure 01.583

失效准则 failure criterion 03.291

失重 weightlessness 01.228

施密特数 Schmidt number 04.423

施特鲁哈尔数 Strouhal number 04.022

时间分步法 time splitting method 04.503

时间线 time line 04.407

*时间相关法 time-dependent method 04.502

实时全息干涉法 real-time holographic interferometry 03.493

实验力学 experimental mechanics 01.017

实验室[坐标]系 laboratory [coordinate] system 01.245

实验应力分析 experimental stress analysis 03.427

矢端图 hodograph 01.155

*矢径 radius vector 01.119

示踪物 tracer 04.406

势 potential 04.114

势函数 potential function 01.295

势流 potential flow 04.115

势能 potential energy 01.602

适应网格生成 adaptive grid generation 04.541

试件栅 specimen grating 03.513

试探函数 trial function 03.612

P收敛 p-convergence 03.619

h收敛 h-convergence 03.620

收缩 contraction 04.107

守恒差分格式 conservation difference scheme 04.511

守恒积分 conservation integral 03.352

守恒型 conservation form 04.535

受力图 free-body diagram 01.089

受迫振动 forced vibration 01.350

枢轴承 pivot bearing 01.103

输沙率 rate of sand transporting 05.375

舒勒周期 Schuler period 02.110

树冠火 crown fire 05.411

竖直剪切波 vertical shear wave 03.079

数值边界条件 numerical boundary condition 04.471

数值耗散 numerical dissipation 04.547

数值扩散 numerical diffusion 04.546

数值模拟 numerical simulation 04.459

数值色散 numerical dispersion 04.548

数值通量 numerical flux 04.549

数值网格生成 numerical grid generation 04.543

数值粘性 numerical viscosity 04.461

衰减 attenuation 02.037

衰退记忆 fading memory 05.305

双边缺口试件 double edge notched specimen, DEN specimen · 03.364

双侧约束 bilateral constraint 01.372

双曲脐[型突变] hyperbolic umbilic 05.572

双线性插值 bilinear interpolation 03.623

双折射效应 birefrigent effect 03.464

双轴应力 biaxial stress 01.501

*水锤 water hammer 04.235

水弹性 hydroelasticity 03.073

水动力学 hydrodynamics 04.208

水动[力]噪声 hydrodynamic noise 04.234

水洞 water tunnel 04.380

水击 water hammer 04.235

水静力学 hydrostatics 04.008

T

湍流分离 turbulent separation 04.311
湍流火焰 turbulent flame 05.179
湍流阻力 turbulent resistance 01.432
退守物 defender 05.488
拖曳水池 towing tank 04.381
脱层 delamination 03.268
脱粘 debond 03.269
脱体激波 detached shock wave 04.150
陀螺 top 01.281
陀螺摆 gyropendulum 02.102
陀螺动力学 gyrodynamics 02.101

陀螺力矩 gyroscopic torque 02.104
陀螺平台 gyroplatform 02.103
陀螺体 gyrostat 02.106
陀螺稳定器 gyrostabilizer 02.105
陀螺仪 gyroscope 01.282
椭圆裂纹 elliptical crack 03.313
椭圆脐[型突变] elliptic umbilic 05.573
椭圆余弦波 cnoidal wave 04.227
拓扑维数 topological dimension 05.495
拓扑熵 topological entropy 05.494

W

蛙跳格式 leap-frog scheme 04.518
外弹道学 external ballistics 01.225
外力 external force 01.073
外流 external flow 04.098
外伸梁 overhanging beam 01.628
弯矩 bending moment 01.676
弯矩图 bending moment diagram 01.677
弯曲 bending 01.668
弯[曲]应变 bending strain 01.404
弯[曲]应力 bending stress, flexural stress 01.507
弯[曲]应力函数 stress function of bending 03.025
完全非弹性碰撞 perfect inelastic collision 01.255
完全解 complete solution 03.125
完全离解 complete dissociation 05.168
完全气体 perfect gas 04.180
完全弹性碰撞 perfect elastic collision 01.253
完整系 holonomic system 01.376
完整约束 holonomic constraint 01.374
万有引力定律 law of universal gravitation 01.307
网格法 grid method 03.494
网格分析法 netting analysis 03.289
网格雷诺数 cell Reynolds number 04.545
网格生成 mesh generation 03.650
网格细化 mesh refinement 03.654
威尔逊 θ 法 Wilson θ-method 03.637
微滴 droplet 05.121

微分型物质 material of differential type 05.004
微观力学 microscopic mechanics, micromechanics 01.010
微观损伤 microscopic damage 03.386
微滑 microslip 03.061
微极理论 micropolar theory 05.008
微裂纹 microcrack 03.311
微纤维 microfibril 05.352
微循环力学 microcyclic mechanics 05.351
微压计 micromanometer 04.391
韦伯数 Weber number 05.098
韦布尔分布 Weibull distribution 03.372
围压 ambient pressure 05.073
维氏硬度 Vickers hardness 01.577
维数分解 dimensional split 04.531
尾流 wake [flow] 04.292
未扰动流 undisturbed flow 04.174
魏森贝格数 Weissenberg number 05.315
魏森贝格效应 Weissenberg effect 05.137
*位矢 position vector 01.117
位形空间 configuration space 01.378
位移 displacement 01.118
位移法 displacement method 01.701
位移共振 displacement resonance 01.354
位移厚度 displacement thickness 04.350
位移矢量 displacement vector 03.593
位置矢量 position vector 01.117
*位置水头 elevating head 04.251
温度边界层 thermal boundary layer 04.346

温度自补偿应变计　self-temperature compen-sating gage　03.454

文丘里管　Venturi tube　04.388

纹影法　schlieren method　04.367

稳定裂纹扩展　stable crack growth　03.333

稳定平衡　stable equilibrium　01.328

稳定性　stability　01.326

稳定性判据　stability criterion　01.327

＊紊流　turbulence, turbulent flow　01.421

FPU 问题　Fermi-Pasta-Ulam problem, FPU problem　05.461

嗡鸣　buzz　02.084

涡　eddy　04.057

涡层　vortex layer　04.048

涡动　whirl　02.133

涡对　vortex pair　04.050

涡方法　vortex method　04.505

涡管　vortex tube　04.051

涡环　vortex ring　04.049

涡街　vortex street　04.052

涡量　vorticity　04.044

涡量方程　vorticity equation　04.281

涡量计　vorticity meter　04.402

涡量拟能　enstrophy　04.032

涡流　eddy current　01.422

涡面　vortex surface　04.047

涡片　vortex sheet　04.017

涡丝　vortex filament　04.045

涡线　vortex line　04.046

涡旋　vortex　04.043

涡旋破碎　vortex breakdown　04.318

涡旋脱落　vortex shedding　04.319

涡粘性　eddy viscosity　04.058

沃伊特-开尔文模型　Voigt-Kelvin model　05.297

沃伊特体　Voigt body　05.343

污染物扩散　pollutant diffusion　05.227

污染源　pollutant source　05.226

无反射边界条件　nonreflecting boundary condition　04.470

无管虹吸　tubeless siphon　05.285

无滑移条件　non-slip condition　04.325

无节点变量　nodeless variable　03.557

无量纲参数　dimensionless parameter　04.109

无粘性流体　nonviscous fluid, inviscid fluid　04.005

无损检测　non-destructive inspection　03.363

无限小转动　infinitesimal rotation　01.206

无限元　infinite element　03.585

无旋波　irrotational wave　03.081

无旋流　irrotational flow　04.083

无压流　free surface flow　04.263

雾化　atomization　05.153

物理分量　physical components　05.048

物理海洋学　physical oceanography　05.204

物理化学流体力学　physico-chemical hydrodynamics　05.140

物理解　physical solution　04.532

物理力学　physical mechanics　01.020

物理区域　physical domain　04.527

＊物质导数　material derivative　04.023

X

吸出　suction　04.355

吸收系数　absorption coefficient　05.145

吸引力　attraction force　01.177

吸引盆　basin of attraction　05.544

吸引子　attractor　05.531

稀薄气体动力学　rarefied gas dynamics　05.139

稀释度　dilution　05.167

稀疏波　rarefaction wave　04.165

稀疏矩阵分解法　split coefficient matrix

method　04.501

稀相　dilute phase　05.113

希尔方程　Hill equation　02.054

希尔特稳定性分析　Hirt stability analysis　04.463

细长度　slenderness　04.140

细长体　slender body　04.139

细观力学　mesomechanics　01.009

细观损伤　microscopic damage　03.385

细观损伤力学　microscopic damage mechanics

03.380

下屈服点　lower yield point　03.177

下限定理　lower bound theorem　03.176

纤维拔脱　fiber pull-out　03.285

纤维度　fibrousness　05.356

纤维断裂　fiber break　03.284

纤维方向　fiber direction　03.283

纤维复合材料　fibrous composite　03.255

纤维应力　fiber stress　03.270

纤维增强　fiber reinforcement　03.286

显格式　explicit scheme　04.507

显微硬度　micro-penetration hardness　01.579

现场平衡　field balancing　02.122

线弹性断裂力学　linear elastic fracture
　mechanics, LEFM　03.297

线性强化　linear strain-hardening　03.157

*线性硬化　linear strain-hardening　03.157

线性元　linear element　03.574

相对加速度　relative acceleration　01.153

相对粘度　relative viscosity　05.308

相对速度　relative velocity　01.138

相对运动　relative motion　01.162

*相干结构　coherent structure　04.299

相轨迹　phase trajectory　02.049

相角　phase angle　01.338

相空间　phase space　01.379

相平面法　phase plane method　02.048

相容条件　consistency condition　04.464

相容质量矩阵　consistent mass matrix　03.597

相似理论　similarity theory　04.371

相似律　similarity law　04.372

相似性解　similar solution　04.332

相速　phase velocity　01.493

相[位]　phase　01.339

相[位]差　phase difference　01.340

响应泛函　response functional　05.043

响应频率　response frequency　04.414

向心加速度　centripetal acceleration　01.148

向心力　centripetal force　01.220

向心收缩功　concentric work　05.348

消能　energy dissipation　04.244

小范围屈服　small scale yielding　03.371

小块检验　patch test　03.624

小振动　small vibration　01.325

楔　wedge　03.012

楔流　wedge flow　04.136

协调接触　conforming contact　03.047

协调条件　compatibility condition　05.030

协调元　conforming element　03.536

协同学　synergetics　05.524

挟带　entrainment　05.122

斜激波　oblique shock wave　04.191

斜交层板　angle-ply laminate　03.262

斜碰　oblique impact　01.249

斜弯曲　oblique bending　01.670

斜压性　baroclinicity　05.217

斜迎风格式　skew-upstream scheme　04.523

谐波　harmonic [wave]　01.457

谐波平衡法　harmonic balance method
　02.063

谐音　harmonic [sound]　01.456

谐振子　harmonic oscillator　01.334

卸载　unloading　03.115

卸载波　unloading wave　03.116

谢齐公式　Chézy formula　04.246

谢尔平斯基海绵　Sierpinski sponge　05.477

谢尔平斯基镂垫　Sierpinski gasket　05.481

信息维数　information dimension　05.490

型阻　profile drag　04.323

U形管　U-tube　04.389

形心　centroid of area　01.590

形状函数　shape function　03.611

形状因子　shape factor　04.358

行波　travelling wave　01.452

行星边界层　planetary boundary layer　05.321

休止角　angle of repose　05.071

修正变分原理　modified variational
　principle　03.529

修正微分方程　modified differential
　equation　04.457

虚功　virtual work　01.609

虚功原理　virtual work principle　01.610

虚力　virtual force　01.608

虚位移　virtual displacement　01.607

许用应力　allowable stress　01.518

絮凝[作用]　flocculation　05.087

悬臂梁　cantilever [beam]　01.629

悬浮　suspension　05.116

悬索 suspended cable 01.106

旋臂水池 rotating arm basin 04.382

*旋进 precession 01.285

旋拧流 swirling flow 05.239

旋转壳 revolutionary shell 03.028

旋转流 rotating flow 05.208

旋转圆盘 rotating circular disk 03.011

雪暴 snowstorm 05.402

雪崩 avalanche 05.394

雪载[荷] snow load 03.224

血液动力学 hemodynamics 05.332

血液流变学 hemorheology, blood rheology 05.331

循环比 cycle ratio 03.426

循环积分 cyclic integral 02.006

循环加载 cyclic loading 01.548

循环抗剪强度 cyclic shear strength 05.066

循环软化 cyclic softening 03.421

循环硬化 cyclic hardening 03.420

循环坐标 cyclic coordinate 02.005

殉爆 sympathatic detonation 05.258

Y

压扁 wafering 05.365

压差 differential pressure 04.033

压差阻力 pressure drag 04.321

压力 pressure 01.424

压[力]降 pressure drop 04.320

压力能 pressure energy 04.322

压强 pressure 01.423

压强表 pressure gage 04.392

压强传感器 pressure transducer 04.404

压强计 manometer 04.390

压[强水]头 pressure head 04.259

压入 indentation 03.050

压实 debulk 03.266

压缩 compression 01.663

压缩波 compression wave 04.196

压缩冲量 impulse of compression 01.247

压缩率 compressibility 01.420

压[缩]应变 compressive strain 01.528

压[缩]应力 compressive stress 01.503

亚参数元 sub-parametric element 03.579

亚临界裂纹扩展 subcritical crack growth 03.335

亚临界转速 subcritical speed 02.132

亚声速 subsonic speed 01.484

亚声速流[动] subsonic flow 04.131

亚谐波 subharmonic 02.067

*亚音速 subsonic speed 01.484

*亚音速流[动] subsonic flow 04.131

烟丝法 smoke wire method 04.368

盐度 salinity 05.221

岩层静态应力 lithostatic stress 05.060

岩石力学 rock mechanics 05.054

延脆转变温度 brittle-ductile transition temperature 03.360

延伸率 specific elongation 01.573

延性 ductility 01.571

延性断裂 ductile fracture 03.303

延性损伤 ductile damage 03.383

衍射 diffraction 04.200

堰流 weir flow 04.271

赝规则进动 pseudoregular precession 01.287

燕尾[型突变] swallow tail 05.570

杨氏模量 Young modulus 01.555

杨氏条纹 Young fringe 03.463

样条函数 spline function 03.615

咬合[作用] interlocking 05.064

叶栅流 cascade flow 04.137

液-固流 liquid-solid flow 05.110

液膜润滑 fluid film lubrication 05.347

液-气流 liquid-gas flow 05.109

液体动力润滑 hydrodynamic lubrication 04.335

液体动力学 hydrodynamics 04.209

液体静力学 hydrostatics 04.009

液体静压 hydrostatic pressure 04.031

液体-蒸气流 liquid-vapor flow 05.111

一般力学 general mechanics 01.011

一维元 one-dimensional element 03.562

依赖域 domain of dependence 04.529

移动载荷 moving load 01.544

移行塑性铰　travelling plastic hinge　03.202
易位流　translocation flow　05.362
役使原理　slaving principle　05.520
异宿点　heteroclinic point　05.452
异宿轨道　heteroclinic orbit　05.454
异重流　density current, gravity flow　04.270
翼弦　chord　04.144
翼型　airfoil　04.143
音调　pitch　01.469
音色　musical quality　01.468
阴极腐蚀　cathodic corrosion　05.174
阴燃　smolder　05.406
阴影法　shadow method　04.366
引力　gravitation　01.178
引力场　gravitational field　01.179
引力常量　gravitational constant　01.180
引伸仪　extensometer　03.439
隐格式　implicit scheme　04.506
应变　strain　01.524
应变不变量　strain invariant　03.005
应变测量　strain measurement　03.432
应变放大器　strain amplifier　03.457
应变光学灵敏度　strain-optic sensitivity
　03.486
应变花　strain rosette　03.435
应变计　strain gage　03.433
应变局部化　strain localization　03.138
应变空间　strain space　03.141
应变灵敏度　strain sensitivity　03.436
应变率　strain rate　03.139
应变率敏感性　strain rate sensitivity　03.140
应变率史　strain rate history　05.281
应变能　strain energy　01.600
应变能密度　strain energy density　03.354
应变疲劳　strain fatigue　03.414
应变偏张量　deviatoric tensor of strain　03.152
＊应变片　strain gage　03.433
应变强化　strain-hardening　03.158
应变球张量　spherical tensor of strain　03.154
应变软化　strain-softening　03.147
应变史　strain history　05.302
应变条纹值　strain fringe value　03.485
应变椭球　strain ellipsoid　03.006
应变协调方程　equation of strain compati-

bility　03.008
应变循环　strain cycle　03.416
应变遥测　telemetering of strain　03.440
＊应变硬化　strain-hardening　03.158
应变张量　strain tensor　05.021
应变指示器　strain indicator　03.434
应变状态　state of strain　01.536
应力　stress　01.497
应力比　stress ratio　03.417
应力波　stress wave　01.523
应力不变量　stress invariant　03.004
应力冻结效应　stress freezing effect　03.487
应力分析　stress analysis　01.522
应力幅值　stress amplitude　03.413
应力腐蚀　stress corrosion　03.375
应力光顺　stress smoothing　03.655
应力光图　stress-optic pattern　03.489
应力光学定律　stress-optic law　03.472
应力过冲　stress overshoot　02.095
应力迹线　stress trajectory　01.680
应力集中　stress concentration　01.519
应力集中系数　stress concentration factor
　01.520
应力计　stress gage　03.430
应力间断　stress discontinuity　03.131
应力解除　stress relief　05.091
应力空间　stress space　03.132
应力疲劳　stress fatigue　03.398
应力偏张量　deviatoric tensor of stress　03.153
应力强度因子　stress intensity factor　03.350
应力球张量　spherical tensor of stress　03.155
应力史　stress history　05.303
应力松弛　stress relaxation　05.301
应力条纹值　stress fringe value　03.488
应力循环　stress cycle　03.415
应力应变图　stress-strain diagram　01.562
应力增长　stress growing　05.306
应力状态　state of stress　01.521
应用力学　applied mechanics　01.015
迎风格式　upstream scheme, upwind scheme
　04.525
迎角　angle of attack　04.148
影响面　influence surface　03.044
影响线　influence line　03.237

影响域 domain of influence 04.528

硬度 hardness 01.575

硬激励 hard excitation 02.061

硬皮度 rustiness 05.357

硬弹簧 hard spring, hardening spring 02.062

映射 map[ping] 05.540

[映]象 image 05.550

壅塞 choking 05.120

壅水曲线 back water curve 04.258

涌波 surge wave 04.229

永久变形 permanent deformation 03.145

优势频率 dominant frequency 02.073

油膜显示 oil film visualization 04.365

油膜振荡 oil whip 02.129

油烟显示 oil smoke visualization 04.362

有势力 potential force 01.181

有限变形 finite deformation 03.066

有限差分法 finite difference method 03.521

有限[单]元法 finite element method 03.522

有限体积法 finite volume method 04.480

有限弹性 finite elasticity 05.035

有限条法 finite strip method 03.534

有限应变 finite strain 03.142

有限转动 finite rotation 01.205

有效势 effective potential 01.309

有效应力 effective stress 05.086

有效应力张量 effective stress tensor 03.353

有效柱长 effective column length 01.644

有心力 central force 01.303

有心力场 central field 01.306

有旋流 rotational flow 04.084

有压流 pressure flow 04.264

诱导速度 induced velocity 04.153

诱导阻力 induced drag 04.152

迂曲度 tortuosity 05.198

余本构关系 complementary constitutive relations 05.026

余能 complementary energy 01.603

余维[数] co-dimension 05.558

逾渗通路 percolation path 05.510

逾渗阈[值] percolation threshold 05.511

宇宙气体动力学 cosmic gas dynamics 05.318

羽流 plume 05.224

遇阻堆积 encroachment 05.368

预估校正法 predictor-corrector method 04.494

预制裂纹 precrack 03.316

元胞自动机 cellular automaton 05.501

元功 elementary work 01.292

原始岩体应力 virgin rock stress 05.055

原象 preimage 05.424

原子热 atomic heat 05.152

圆板 circular plate 03.020

圆拱 circular arch 03.220

[圆]筒 cylinder 01.646

圆[周]映射 circle map[ping] 05.554

圆周运动 circular motion 01.165

[圆]柱壳 cylindrical shell 03.030

源 source 04.120

远场边界条件 far field boundary condition 04.468

远场流 far field flow 04.290

* 约化质量 reduced mass 01.311

* 约化中心 center of reduction 01.071

约束 constraint 01.079

约束变分原理 constrained variational principle 03.530

约束力 constraint force 01.080

约束涡 confined vortex 04.157

约束运动 constrained motion 01.368

跃动速度 saltation velocity 05.126

跃移[运动] saltation 05.377

跃移质 saltation load 05.378

云纹干涉法 moiré interferometry 03.507

云纹图 moiré pattern 03.510

匀熵流 homoentropic flow 04.176

匀速运动 uniform motion 01.158

运动安定定理 kinematic shake-down theorem 03.103

运动常量 constant of motion 01.217

运动方程 equation of motion 03.070

运动粘度 kinematical viscosity 01.418

运动粘性 kinematic viscosity 04.302

运动容许场 kinematically admissible field 03.196

运动稳定性 stability of motion 02.024

运动相似 kinematic similarity 04.111

运动学 kinematics 01.005

Z

运动学方程　kinematical equation　01.157

杂交法　hybrid method　03.532

杂交元　hybrid element　03.539

载荷　load　01.537

载荷矢量　load vector　03.594

载荷矢量的组集　assembly of load vectors　03.601

载荷因子　load factor　03.107

再层流化　relaminarization　04.315

再附　reattachment　04.314

暂时双折射效应　temporary birefringent effect　03.490

暂态　transient state　02.034

暂态流　transient flow　04.079

暂态运动　transient motion　01.343

噪声　noise　05.228

噪声级　noisc lcvel　05.229

噪声污染　noise pollution　05.230

增量法　incremental method　03.640

章动　nutation　01.284

章动角　angle of nutation　01.202

张开型　opening mode　03.341

张拉区　stretched zone　03.358

张力　tension　01.083

折叠[型突变]　fold [catastrophe]　05.568

折裂　kink　03.312

折射　refraction　04.198

褶皱　wrinkle　03.058

真应力　true stress　03.128

震凝性　rheopexy　05.135

振荡剪切流　oscillatory shear flow　05.317

振荡流　oscillatory flow　04.081

振动　vibration, oscillation　01.323

振动模态　mode of vibration　01.357

振幅　amplitude　01.335

*振型　mode of vibration　01.357

阵发混沌　intermittency chaos　05.457

阵发泥石流　intermittent debris flow　05.388

蒸发　evaporation　04.448

蒸腾流　transpirational flow　05.363

正激波　normal shock wave　04.190

正交层板　cross-ply laminate　03.261

正交各向异性　orthotropy　03.279

正弦戈登方程　sine-Gorden equation　05.468

正压性　barotropy　05.218

正则变换　canonical transformation　02.011

正则变量　canonical variable　02.012

正则方程　canonical equation　02.009

正则摄动　canonical perturbation　02.010

支配方程　governing equation　04.010

支座沉降　support settlement　03.230

支座反力　reaction at support　01.060

支座位移　support displacement　03.229

直角应变花　rectangular rosette　03.438

直线法　method of lines　04.488

直线运动　rectilinear motion　01.163

植物固沙　vegetative sand-control　05.384

*指进　fingering　05.187

指数格式　exponential scheme　04.514

止裂　crack arrest　03.337

止裂韧度　arrest toughness　03.338

致密化　densification　03.287

质点　material point, mass point, particle　01.111

质点法　particle method　04.493

质点网格法　particle in cell method, PIC method　04.492

质点系　system of particles　01.235

质量传递　mass transfer　04.429

质量矩阵　mass matrix　03.595

质量矩阵的组集　assembly of mass matrices　03.602

质量守恒　conservation of mass　04.025

质量守恒定律　law of conservation of mass　01.173

质心　center of mass　01.242

质心[参考]系　center-of-mass system　01.244

滞后　lag　04.331

滞后流　after flow　05.240

滞后[效应]　hysteresis　05.582

滞弹性材料　anelastic material　05.294

滞止流　stagnation flow　04.291

中厚板　plate of moderate thickness　03.024

中心点　center　05.538

中心惯量主轴　central principal axis of inertia　01.279

中心裂纹板试件　center cracked panel specimen, CCP specimen　03.368

中心裂纹拉伸试件　center cracked tension specimen , CCT specimen　03.367

中性变载　neutral loading　03.121

中性面　neutral surface　01.594

中性平衡　neutral equilibrium　01.330

中性轴　neutral axis　01.593

终点弹道学　terminal ballistics　05.247

终极速度　terminal velocity　01.227

重对称陀螺　heavy symmetrical top　01.283

重力　gravity　01.218

重力波　gravity wave　04.226

重力场　gravity field　01.298

重力加速度　acceleration of gravity　01.219

重力侵蚀　gravity erosion　05.397

重心　center of gravity　01.090

周期流　periodic flow　04.080

周期性　periodicity　01.341

周向应力　circumferential stress　01.504

轴承　bearing　01.101

轴承应力　bearing stress　01.552

轴对称流　axisymmetric flow　04.085

轴对称元　axisymmetric element　03.564

轴力图　axial force diagram　01.665

轴矢[量]　axial vector　01.213

轴向加速度　axial acceleration　01.147

轴[向]力　axial force　01.664

轴向流　axial flow　05.234

轴向应力　axial stress　01.506

逐步法　step-by-step method　03.635

逐次积分法　successive integration method　01.705

烛炬火　candling fire　05.412

主动力　active force　01.085

主动土压力　active earth pressure　05.088

主固结　primary consolidation　05.081

主剪应变　principal shear strain　01.534

主剪应力　principal shear stress　01.516

主矩　principal moment　01.055

主矢[量]　principal vector　01.054

主应变　principal strain　01.533

主应力　principal stress　01.515

主应力迹线　isostatic　03.473

主应力空间　principal stress space　03.133

主[宰]方程　master equation　05.519

主轴　principal axis　01.592

主转动惯量　principal moment of inertia　01.277

柱　column　01.642

柱面波　cylindrical wave　03.077

贮能函数　stored-energy function　05.046

注入　injection　04.354

注水　water flooding　05.201

驻波　standing wave　01.463

驻点　stagnation point　04.063

驻涡　standing vortex　04.317

爪进　fingering　05.187

转动　rotation　01.186

转动惯量　moment of inertia　01.272

[转动]瞬心　instantaneous center [of rotation]　01.190

[转动]瞬轴　instantaneous axis [of rotation]　01.195

转矩　torque　01.056

[转]轴　shaft　01.656

转子临界转速　rotor critical speed　02.130

转子[系统]动力学　rotor dynamics　02.116

转子[-支承-基础]系统　rotor-support-foundation system　02.117

撞击　impact　01.697

撞击因子　impact factor　01.698

撞击应力　impact stress　01.699

撞击中心　center of percussion　01.256

[状]态变量　state variable　05.435

状态方程　equation of state　04.178

[状]态空间　state space　05.434

锥壳　conical shell　03.031

锥形流　conical flow　04.135

赘余反力　redundant reaction　01.550

准定常流　quasi-steady flow　04.077

准解理断裂　quasi-cleavage fracture　03.305

准静态的　quasi-static　03.071

准谱法 pseudo-spectral method 04.496

准周期振动 quasi-oscillation 05.584

着火 ignition 05.178

姿态角 attitude angle 02.108

子波 wavelet 01.461

子结构 substructure 03.647

子结构法 substructure technique 03.648

子空间迭代法 subspace iteration method 03.633

自动定心 self-alignment 02.131

自动网格生成 automatic grid generation 04.542

自动氧化 auto-oxidation 05.155

自激振动 self-excited vibration 02.065

自然边界条件 natural boundary condition 03.542

自燃 auto-ignition 05.154

[自]适应网格 [self-]adaptive mesh 04.540

自相似解 self-similar solution 05.523

自相似[性] self-similarity 03.043

自旋玻璃 spin glass 05.504

自由度 degree of freedom 01.367

自由对流 natural convection, free convection 04.426

自由流 free stream 04.096

自由流线 free stream line 04.097

自由面 free surface 04.214

自由射流 free jet 04.296

自由矢[量] free vector 01.096

自由振动 free vibration 02.032

* 自振 self-excited vibration 02.065

自治系统 autonomous system 05.532

自转角 angle of rotation 01.203

自组织 self-organization 05.525

总体坐标 global coordinates 03.249

总压[力] total pressure 04.064

总压头 total head 04.065

总焓 total enthalpy 04.067

纵波 longitudinal wave 01.451

纵向应力 longitudinal stress 01.505

阻抗匹配 impedance matching 02.088

阻力 drag, resistance 04.090

J阻力曲线 J-resistance curve 03.348

阻尼 damping 01.345

阻尼矩阵 damping matrix 03.598

阻尼力 damping force 01.346

阻尼器 damper 02.045

阻尼误差 damping error 04.552

阻尼振动 damped vibration 01.344

组份 constituent 05.170

组合结构 composite structure 03.656

组合音调 combination tone 02.058

最大法向应变 maximum normal strain 01.532

最大法向应变理论 maximum normal strain theory 01.615

最大法向应力 maximum normal stress 01.512

最大法向应力理论 maximum normal stress theory 01.614

最大剪应力 maximum shear stress 01.514

最大剪应力理论 maximum shear stress theory 01.616

最大静摩擦系数 coefficient of maximum static friction 01.068

最小二乘法 least square method 03.526

最小法向应力 minimum normal stress 01.513

最小重量设计 optimum weight design 03.288

最小作用[量]原理 principle of least action 01.388

作用点 point of action 01.023

作用-角度变量 action-angle variables 02.016

作用力 acting force 01.058

作用量 action 01.387

作用量积分 action integral 02.014

作用线 line of action 01.024

坐标变换 transformation of coordinates 03.518